Die Herstellung gezeichneter Rechentafeln

Ein Lehrbuch der Nomographie

Von

Dr.-Ing. Otto Lacmann

Mit 68 Abbildungen im Text
und auf 3 Tafeln

Berlin
Verlag von Julius Springer
1923

ISBN-13: 978-3-642-90009-9   e-ISBN-13: 978-3-642-91866-7
DOI: 10.1007/978-3-642-91866-7

Vorwort.

Das vorliegende Lehrbuch der Nomographie wurde in der Absicht verfaßt, die Aufmerksamkeit weiterer Kreise, vornehmlich deutscher Ingenieure, Physiker und Mathematiker, auf die große Bedeutung der gezeichneten Rechentafeln hinzulenken und ihnen Gelegenheit zu geben, sich auf dem Gebiete der Nomographie zu unterrichten, ohne ihre Zuflucht zu fremdsprachlichen Werken nehmen zu müssen. Inzwischen haben auch in Deutschland die nomographischen Methoden stärkere Wurzeln gefaßt, es entstand die „Stugra" — ein Privatunternehmen zur Herstellung von gezeichneten Rechentafeln — und es wurde beim „Reichskuratorium für Wirtschaftlichkeit in Industrie und Handwerk" ein Arbeitsausschuß für graphische Rechenverfahren gegründet, dessen Mitgliedern ich auch an dieser Stelle für mancherlei Anregungen danken möchte. Es erschienen inzwischen auch in deutscher Sprache kleinere Schriften und Aufsätze, welch letztere sich indessen meist mit der Verwendung gezeichneter Rechentafeln in Sonderfällen befassen. Nach wie vor, ja heute vielleicht mehr noch als früher, macht sich jedoch der Mangel eines systematischen Lehrbuches der Nomographie bemerkbar. Ihm soll durch vorliegende Schrift abgeholfen werden, in der eine Übersicht gegeben wird über die gezeichneten Rechentafeln, die sich in der Praxis am besten bewähren dürften, und in der außerdem die Lehre von der Nomographie an mehreren Stellen eine Erweiterung erfahren hat. Im Gegensatz zu den fremdsprachlichen Lehrbüchern, in denen durch die Beispiele gezeigt wird, wie sich die Rechentafeln auf den verschiedensten Gebieten verwenden lassen, habe ich die Beispiele ausschließlich dem Gebiete der Hydraulik und des Wasserbaues entnommen, da meines Erachtens im vorliegenden Fall mit dem Grundsatz „Wer vieles bringt, wird manchem etwas bringen" keinem der Leser gut gedient ist. Der sich mit Fragen der Hydraulik befassende Ingenieur findet daher eine Reihe (gegebenenfalls nach erfolgter Vergrößerung) gebrauchsfertiger Rechentafeln vor, während die anderen Leser den Vorteil haben, daß überall dieselben in der Hydraulik vorkommenden Größen wiederkehren, so daß die Leser sich nicht bei jedem neuen Beispiel in ein neues Anwendungsgebiet hineinzuversetzen brauchen. Es wird daher auch für den ein Leichtes sein, sich in den angeführten Beispielen zurechtzufinden, der über keinerlei Kenntnisse auf dem Gebiete der Hydraulik verfügt. Da die Beispiele im übrigen nur zeigen sollen, wie fertige Rechentafeln aussehen, denen mathematische Formeln verschiedenster Art zugrunde liegen, kommt es letzten Endes auf die den einzelnen Formelgrößen zukommenden Dimensionen überhaupt nicht an, und es kann der Kaufmann ebensogut das Wesen einer Rechentafel an einem Beispiel aus der Ingenieurpraxis kennenlernen, wie der Ingenieur sich im voraus ein Bild von der zu entwerfenden Rechentafel auf Grund eines Beispieles machen kann, das — der Bankwissenschaft oder der Nautik entnommen — dieselbe Art der Abhängigkeit zwischen den Veränderlichen aufweist. Auch möge der mathematisch wenig geschulte Leser sich durch einzelne auftretende Determinanten nicht abschrecken lassen. Diese stellen nur eine Art mathematischer Kurzschrift dar, die jeder zu deuten vermag, der die ersten Seiten eines Lehrbuches über Determinanten oder die wenigen Zeilen gelesen hat, mit denen dieses Gebiet in dem bekannten Taschenbuch „Hütte" behandelt worden ist. Für seine Hilfe beim Lesen der Korrektur bin ich Herrn Dipl.-Ing. J. Sartorius zu Dank verpflichtet.

Kristiania, im Juni 1923.

Otto Lacmann.

Inhaltsverzeichnis.

Inhaltsverzeichnis.

V

Sonderverzeichnis der Beispiele.

I. Zur Einführung.

Sind die zwischen zwei oder mehreren veränderlichen Größen bestehenden Beziehungen durch eine oder mehrere Gleichungen gegeben, so können wir im allgemeinen sowohl auf rechnerischem wie auf zeichnerischem Wege die Werte bestimmen, welche die abhängigen Veränderlichen annehmen, wenn den unabhängigen Veränderlichen bestimmte Werte gegeben werden. Dabei können wir rechnender Weise entweder so vorgehen, daß wir in jedem einzelnen Fall die bestimmten Werte für die unabhängigen Veränderlichen in die gegebenen Gleichungen einsetzen und durch Auflösen dieser Gleichungen die entsprechenden Werte der abhängigen Veränderlichen bestimmen oder wir können uns im voraus für ein bestimmtes zwischen den Veränderlichen bestehendes Abhängigkeitsgesetz eine Tafel errechnen, die es gestattet, zusammengehörige Werte der veränderlichen Größen unmittelbar oder durch einfaches Zwischenschalten zwischen gegebene Werte abzulesen. Jedoch sei schon hier darauf hingewiesen, daß die Herstellung solcher Tafeln sehr zeitraubend und ihre Handhabung meist sehr unbequem wird, wenn es sich um eine größere Anzahl von Veränderlichen handelt.

In gleicher Weise bilden auch die der Auflösung von Gleichungen dienenden zeichnerischen Verfahren zwei Gruppen, in deren erste alle die Verfahren fallen, bei denen die Auflösung der Gleichungen für jede neue Zusammenstellung vorliegender Werte der unabhängigen Veränderlichen die Ausführung einer Zeichnung von neuem erforderlich macht, während die zweite Gruppe die „gezeichneten Rechentafeln" umfaßt, deren einmalige Herstellung genügt, um alle einem bestimmten Abhängigkeitsgesetz entsprechenden, zusammengehörigen Werte der Veränderlichen unmittelbar oder unter Benutzung einfacher Hilfsmittel ablesen zu können.

Die zeichnerischen Verfahren der ersten Gruppe sind zum großen Teil von deutschen Gelehrten ersonnen und zu einem hohen Grad der Vollkommenheit gebracht worden. In den Ingenieurwissenschaften haben diese Verfahren eine große Verbreitung gefunden und insbesondere die Statik bedient sich ihrer in weitestgehendem Maße. Von dieser ersten Gruppe der zeichnerischen Verfahren soll hier nicht die Rede sein. Unsere Aufgabe erblicken wir vielmehr darin, die Aufmerksamkeit der deutschen Ingenieure auf die „gezeichneten Rechentafeln" zu lenken, die ihren Ursprung und ihre Entwicklung hauptsächlich französischen Gelehrten — ich nenne nur Lalanne, Soreau und insbesondere d'Ocagne — verdanken und die — abgesehen von ihren einfachsten Ausführungen — einem weiteren Kreise deutscher Ingenieure unbekannt oder doch nur wenig bekannt sind.

Mit einer auch manche bisher unveröffentlichte Verfahren enthaltenden Übersicht über die verschiedenen Arten gezeichneter Rechentafeln, mit der Beschreibung ihrer Herstellungsweise, sowie ihrer Vor- und Nachteile in den verschiedenen Fällen ihrer Verwendung ist indessen das von uns gesteckte Ziel noch nicht erreicht. Während in den bisher erschienenen Schriften über „gezeichnete Rechentafeln" meist Wert darauf gelegt wurde, die Beispiele aus möglichst vielen verschiedenen Gebieten zu entnehmen — ich nenne nur die reine Mathematik, das Vermessungswesen, die Schiffahrtskunde, das Kriegswesen, die Naturwissenschaften, das gesamte Ingenieurwesen, die Sternkunde, die Wetterkunde, die Versicherungs- und Bankwissenschaft und die Scheidekunst — haben wir die Beispiele einzig und allein der Lehre vom Gleichgewicht und der Bewegung des Wassers entnommen. Dadurch haben wir erreicht, daß dem sich mit wassertechnischen Fragen beschäftigenden Ingenieur zugleich eine Sammlung gezeichneter Rechentafeln in die Hand gegeben wird, die ihm auch dort, wo sie infolge der für den Druck erforderlichen Verkleinerung zum unmittelbaren Gebrauch nicht mehr geeignet sind, wenigstens als Vorbilder für die Herstellung von Rechentafeln in größerem Maßstabe dienen können. Demjenigen aber, der sich Rechentafeln für andere Zwecke schaffen will, wird deren Herstellung nach aufmerksamer Durchsicht der vorliegenden Schrift trotz der absichtlichen Einseitigkeit in der Auswahl der Beispiele nicht schwer fallen.

Die Frage, wann die Herstellung einer gezeichneten Rechentafel empfehlenswert ist, wann nicht, kann nur von Fall zu Fall entschieden werden. Obwohl es möglich sein muß, durch Vergrößerung der Maßstäbe die Genauigkeit der Rechentafeln immer weiter zu steigern, sind der tatsächlichen Durchführung dieser Genauigkeitssteigerung doch bestimmte Grenzen, z. B. durch die Größe des zur Verfügung stehenden Zeichenblattes gesteckt. Überall dort, wo es auf sehr scharfe Durchführung der Rechnung ankommt, wird man daher den rechnerischen Weg beschreiten müssen. Aber auch in diesen Fällen wird eine gezeichnete Rechentafel oft insofern gute Dienste leisten, als sie rasch Annäherungswerte liefert, die zur Durchführung der schärferen Rechnung verwendet werden können. Die Genauigkeit, mit der das Ergebnis erhalten wird, hängt außer von den physikalischen Eigenschaften des verwendeten Papiers in hohem Maße sowohl von der Geschicklichkeit des Zeichners wie von der des Lesers ab. Man kann annehmen, daß bei guter Ausführung der Zeichnung und genügender Übung des Lesers bei einer Teilstrichentfernung von 1 bis 5 mm die Lage eines zwischen den Teilstrichen liegenden Punktes auf ein Zehntel (ja selbst bis auf ein Zwanzigstel) der Teilstrichentfernung genau geschätzt werden kann. Durch eine Teilstrichentfernung von weniger als einem Millimeter wird die Ablesegenauigkeit der Tafel nicht erhöht. In der Ingenieurwissenschaft, insbesondere in der Lehre von der Fließbewegung des Wassers und überhaupt in allen Fällen, in denen nur innerhalb eines gewissen Spielraums sichere Beiwerte vorkommen, dürfte die Genauigkeit der gezeichneten Rechentafeln bei zweckmäßiger Herstellung derselben stets ausreichen. Außer auf die anzustrebende Genauigkeit muß bei Beantwortung der Frage, ob das Zeichnen einer Rechentafel in einem bestimmten Fall zweckmäßig ist, auch auf die voraussichtliche Häufigkeit des Gebrauchs der Tafel und auf die zu ihrer Herstellung erforderliche Zeit im Verhältnis zu dem bei anderen Verfahren nötigen Zeitaufwand Rücksicht genommen werden. Wenn die gewünschte Genauigkeit erreichbar ist, empfiehlt sich das Zeichnen einer Rechentafel um so mehr, je häufiger von der dargestellten Formel Gebrauch gemacht wird, je einfacher die Herstellung der Tafel ist und je zeitraubender sich die Auflösung der Gleichungen auf anderem Wege gestaltet. Insbesondere ist das Zeichnen von Rechentafeln dann vorteilhaft, wenn in die Gleichungen eine größere Anzahl von Veränderlichen eintritt.

Wenn auch die Hauptaufgabe der gezeichneten Rechentafeln in dem schnellen Ermitteln zusammengehöriger Werte der Veränderlichen besteht, so erweist sich das Zeichnen von Rechentafeln oft auch aus anderen Gründen als zweckmäßig. Die bei gezeichneten Rechentafeln bestimmter Art sich ergebende, sehr anschauliche Darstellung des der Tafel zugrunde liegenden Gesetzes im Verein mit der damit verbundenen Unterstützung des Gedächtnisses, ferner die Leichtigkeit, mit der sich oft der Einfluß feststellen läßt, den eine Veränderung irgendeiner Veränderlichen auf die übrigen Veränderlichen ausübt, sowie die Tatsache, daß man gezeichnete Rechentafeln auch dann herstellen kann, wenn die mathematische Fassung des Zusammenhangs zwischen den Veränderlichen unbekannt ist und daß man oft umgekehrt nach

Zeichnung der Rechentafel aus dieser die den Zusammenhang der Veränderlichen darstellende Gleichung gewinnen kann, sind weitere Eigenschaften der gezeichneten Rechentafeln, die deren Herstellung in vielen Fällen vorteilhaft erscheinen lassen.

Um den Druck der dieser Schrift beigegebenen Rechentafeln nicht zu erschweren, haben wir von der Verwendung verschiedener Farben Abstand genommen. Es kann indessen nicht dringend genug geraten werden, von der Verwendung farbiger Tuschen beim Entwurf von Rechentafeln möglichst ausgiebigen Gebrauch zu machen, da durch sie die Übersichtlichkeit der gezeichneten Rechentafeln oft außerordentlich erhöht wird. Ferner empfiehlt es sich in die Rechentafel selbst oder in ein beigefügtes Schema derselben ein den Gebrauch der Tafel erläuterndes Beispiel einzuzeichnen und die der Rechentafel zugrunde liegende Formel sowie den Zweck der Tafel auf ihr zu vermerken.

II. Die Funktionsskalen und ihre Herstellung.

Ehe wir uns mit unserer eigentlichen Aufgabe befassen, müssen wir uns Klarheit verschaffen über den Begriff der Funktionsskala, dem bei der Betrachtung der gezeichneten Rechentafeln eine hohe Bedeutung zukommt. Soll die Skala[1]) einer gegebenen Funktion $f(z)$ gezeichnet werden, so wählen wir zunächst eine als Längeneinheit dienende und somit die Gesamtlänge der Skala mitbestimmende, im übrigen willkürliche Strecke l — den sog. Modul der Skala — und tragen auf einer Geraden von einem bestimmten Anfangspunkte aus die Strecken $x = l \cdot f(z)$ für innerhalb gewisser Grenzen gleichmäßig fortschreitende Werte von z ab. Die durch Teilstriche kenntlich gemachten Endpunkte dieser Strecken beziffern wir anstatt mit den Funktionswerten selbst mit den entsprechenden Werten der unabhängigen Veränderlichen z. Unter der Skala der Funktion $f(z)$ verstehen wir demnach eine durch bezifferte Striche derart untergeteilte Gerade, daß die mit dem Modul l als Längeneinheit gemessene Entfernung des mit a bezifferten Teilstriches vom Anfangspunkt der Skala uns den Wert angibt, den $f(z)$ für $z = a$ annimmt. Zuweilen kommen auch krummlinige Funktionsskalen vor, die wir durch Verbiegen einer auf obige Weise erhaltenen geradlinigen Funktionsskala entstanden denken können. Dabei dürfen sich aber die längs des Skalenträgers (d. h. längs der die Skala tragenden Linie) gemessenen Entfernungen zwischen den einzelnen Teilstrichen und damit auch die Gesamtlängen der Skalen gar nicht ändern, oder aber es müssen sich alle im gleichen Verhältnis ändern. Im letzteren Fall ändert sich natürlich der Modul der Skala in demselben Verhältnis. Als Beispiel einer geradlinigen (logarithmischen) Funktionsskala kann die auf einem gewöhnlichen Rechenschieber befindliche Teilung dienen, während sich auf den Rechenschiebern in Uhrform krummlinige (kreisförmige) und auf manchen Rechenwalzen schraubenlinienförmige logarithmische Funktionsskalen befinden.

Die Funktionsskala gewinnt an Übersichtlichkeit, wenn nur die Teilstriche beziffert werden, welche runden, in größeren Abständen aufeinanderfolgenden z-Werten entsprechen und wenn zur Unterteilung Gruppen verschieden langer Teilstriche oder verschieden geformter Einteilungszeichen verwendet werden.

Wir unterscheiden gleichmäßige und ungleichmäßige Funktionsskalen, je nachdem einer gleichmäßigen Veränderung der z-Werte gleichmäßige oder ungleichmäßige Abstände der Teilstriche entsprechen.

---

[1]) Eine einheitliche Fachsprache auf dem Gebiete der gezeichneten Rechentafeln besteht heute leider noch nicht. Es ist daher mit Dank zu begrüßen, daß der Arbeitsausschuß für graphische Rechenverfahren sich auch die Schaffung einheitlicher Bezeichnungen als Aufgabe gestellt hat. An die Stelle des Wortes „Skala" dürfte dabei das von Herrn Studienrat P. Luckey erneut vorgeschlagene Wort „Leiter" treten und es steht zu hoffen, daß u. a. auch das verbrauchte Wort „Modul" durch einen guten deutschen Ausdruck ersetzt wird.

An Stelle der ungleichmäßigen Funktionsskala verwenden wir zuweilen gleich-teilige Funktionsskalen, das sind gleichmäßig geteilte Skalen, bei denen die gleich-mäßigen Abstände der Teilstriche ungleichmäßigen Veränderungen der beigeschrie-benen z-Werte entsprechen. Ein Beispiel hierfür folgt auf Seite 36.

Die Skala der Funktion $f(z)$ nennen wir durch Ableitung aus der Funktions-skala für $g(z)$ entstanden, wenn die Beziehung besteht:

$$f(z) = g\,[\varphi\,(z)]. \tag{1}$$

Sind dagegen die beiden Funktionen $f(z)$ und $g(z)$ durch die Beziehung:

$$f(z) = \varphi\,[g\,(z)] \tag{2}$$

verbunden, so sagen wir, daß die $f(z)$-Skala aus der Skala für $g(z)$ durch Umformung entstehe.

Bei der Herstellung gezeichneter Rechentafeln kommen hauptsächlich folgende Funktionsskalen zur Anwendung:

1. Die logarithmische Skala, die der Beziehung $f(z) = \overset{a}{\log}z$ entspricht. Wie schon gesagt, befinden sich Skalen dieser Art auf den gewöhnlichen Rechen-schiebern. Da eine Veränderung der Grundzahl a lediglich den Modul der Skala ändert, verwenden wir ausschließlich Briggssche Logarithmen und sorgen durch passende Wahl des Moduls dafür, daß die Skala die von uns gewünschte Länge an-nimmt. Im folgenden werden wir sehr häufig von logarithmischen Skalen mit ver-schiedener Modullänge Gebrauch machen. Es empfiehlt sich daher, logarithmische Skalen von beliebigem Modul durch Zentralprojektion aus einer logarithmischen Skala von gegebenem Modul herzuleiten. Das Verfahren ist in Abb. 1 dargestellt. Die Teilpunkte der mit dem Modul $l = 25\ \text{cm}$[1]) gezeichneten logarithmischen Skala A—B sind mit dem im Abstande $a = 60$ cm befindlichen Punkte O durch Strahlen verbunden, die, wie wir weiter unten allgemeiner nachweisen werden, die Parallelen zu A—B in Teilpunkten neuer logarithmischer Skalen mit verschiedenem Modul l_x schneiden. Bezeichnen wir mit a_x den Abstand des Punktes O von einer solchen neuen Skala, so besteht die Beziehung:

$$a_x = \frac{a}{l} \cdot l_x$$

oder in vorliegendem Falle $a_x = \dfrac{60}{25} \cdot l_x = 2,4 \cdot l_x$, die es gestattet, das a_x zu berechnen, wenn die neue Skala eine bestimmte Modullänge l_x besitzen soll. In Abb. 1 lassen sich die Werte l_x an der Skala I, die Werte a_x an der Skala III ablesen. Die am häufigsten gebrauchten logarithmischen Skalen sind in Abb. 1 eingezeichnet. Das Verhältnis ihrer Modullängen zur Länge des Moduls der Skala A—B ist aus der Skala II ersichtlich, ihre wirklichen Modullängen sind an jeder Skala unten vermerkt. Verfasser hat sich Schablonen für die am meisten verwendeten Modullängen dadurch geschaffen, daß er die durch Zentralprojektion wie oben gefundenen, dem gewünschten Modul entsprechenden Teilpunkte mittels einer Nadel auf einen starken unter die Zeichnung gelegten Papierstreifen übertrug. Diese Schablonen werden auf die Träger der neu zu zeichnenden Skalen gelegt und die Teilpunkte mit einer Nadel auf diese übertragen.

2. Die Potenzskalen für $f(z) = z^n$. Die Potenzskalen sind für von 0 und 1 verschiedenes n ungleichmäßige Skalen. Mit $n = 1$ erhalten wir die der Beziehung $f(z) = z$ entsprechende

---

[1]) Alle Maßangaben beziehen sich auf die Originalzeichnungen. Wie stark diese für die Wieder-gabe im Buch verkleinert werden mußten, ist bei allen den Abbildungen angegeben worden, bei denen dies für notwendig erachtet wurde. So bedeutet z. B. „Verkl. $^4/_{10}$“, daß die Originalzeichnung bei der Wiedergabe eine (lineare) Verkleinerung auf ungefähr $^4/_{10}$ ihrer ursprünglichen Größe er-fahren hat.

I l_x=0
1 2 3 4 5 6 7 8 9 10 11 12
II
1/12 1/10 1/6 1/5 1/4 3/10 1/3 2/5 5/12
0
l_x=2,08cm 2,50 4,17 5,00 6,25 7,50 8,33 10,00 10,42
III
a_x=0 5 10 15 20 25

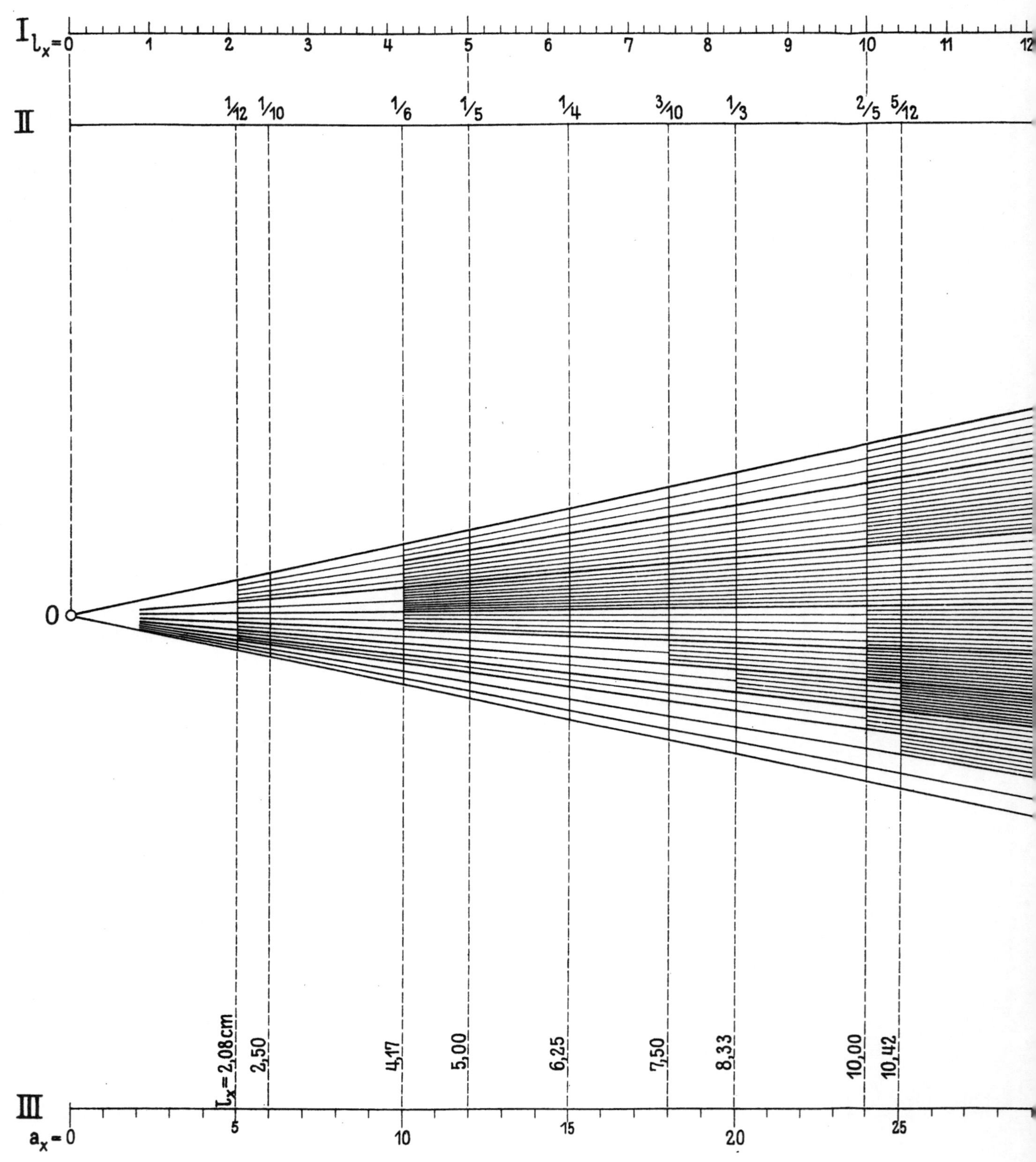

Abb.

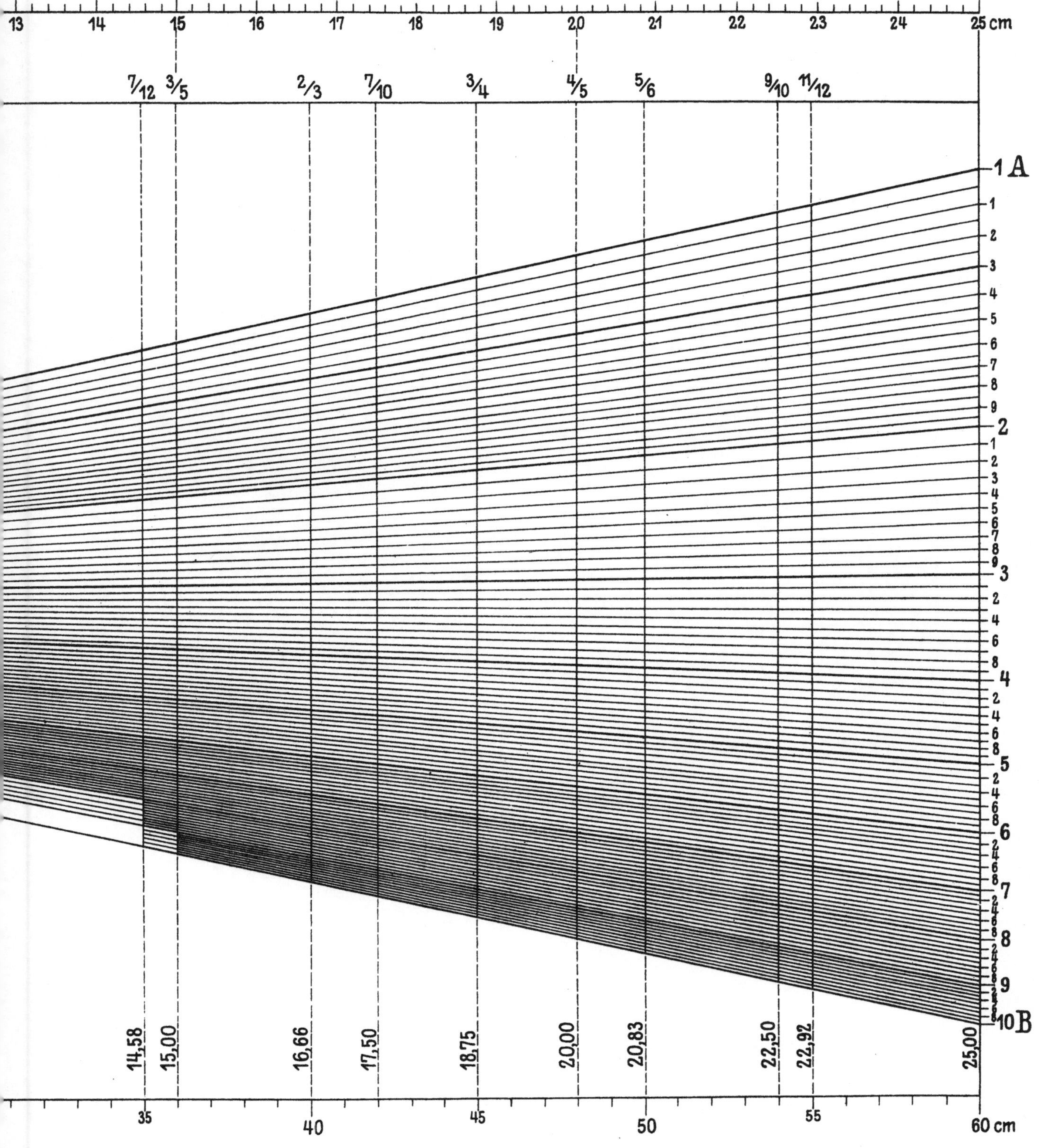

13 14 15 16 17 18 19 20 21 22 23 24 25 cm
7/12 3/5 2/3 7/10 3/4 4/5 5/6 9/10 11/12
1 A
1
2
3
4
5
6
7
8
9
2
1
2
3
4
5
6
7
8
9
3
2
4
6
8
4
2
4
6
8
5
2
4
6
8
6
2
4
6
8
7
2
4
6
8
8
2
4
6
8
9
2
4
6
8
10 B
14,58 15,00 16,66 17,50 18,75 20,00 20,83 22,50 22,92 25,00
35 40 45 50 55 60 cm
kl. 6/10.)

2a. regelmäßige (reguläre) Skala.

Eine solche ist beispielsweise auf jedem geteilten Meterstab oder Meßband angebracht.

Ist n eine ganze Zahl, so kann auf zeichnerischem Wege die Skala für $f(z) = z^n$ aus der regelmäßigen Skala gewonnen werden (s. d'Ocagne: Calcul S. 173; Pirani S. 46). Wir erblicken darin jedoch keinen großen Vorteil für die wirkliche Herstellung von Funktionsskalen, da für die meist vorkommenden niedrigen n-Werte die Werte von $f(z) = z^n$ unmittelbar aus Tafeln entnommen werden können und bei größeren n-Werten die Berechnung der Funktionswerte und ihre Auftragung mittels eines Maßstabes schneller und genauer vonstatten geht.

3. Die **projektive Skala** zur Darstellung der Beziehung: $f(z) = \dfrac{m \cdot g(z) + n}{p \cdot g(z) + q}$, wobei m, n, p, q gleichbleibende, der Bedingung $mq - pn = \begin{vmatrix} m & n \\ p & q \end{vmatrix} \gtrless 0$ unterworfene Zahlen sind. Ihren Namen hat diese Skala daher, daß sie aus der Skala für die Funktion $g(z)$ durch Zentralprojektion gewonnen werden kann.

Setzen wir $g(z) = z$, so erhalten wir den Sonderfall der

3a. **homographischen**, der Beziehung $f(z) = \dfrac{m \cdot z + n}{p \cdot z + q}$ entsprechenden Skala, die sich durch Umformung mittels Zentralprojektion aus der regelmäßigen Skala $g(z) = z$ gewinnen läßt.

Der Beweis für die Möglichkeit der projektiven Umformung der $g(z)$-Skala in die $f(z)$-Skala, wenn die oben angegebene Beziehung zwischen $g(z)$ und $f(z)$ besteht, läßt sich leicht folgendermaßen führen.

Ausgehend von einem beliebigen Anfangspunkte O (s. Abb. 2) bestimmen wir unter Benutzung eines beliebigen Moduls l_1 die den Werten z', z'', z''' und z'''' entsprechenden

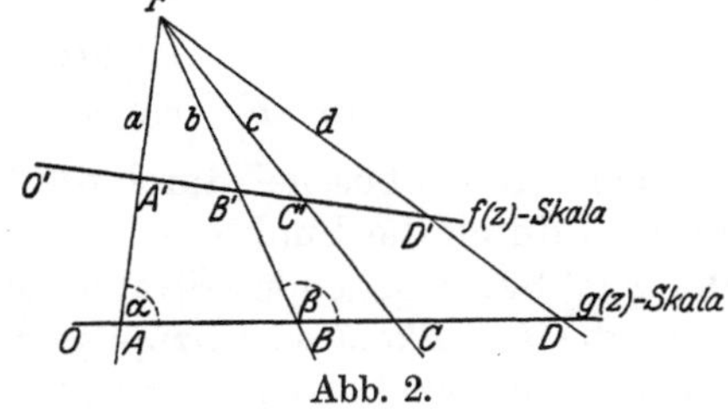

Abb. 2.

Punkte A, B, C, D, der $g(z)$-Skala. Das Doppelverhältnis dieser vier Punkte ist:

$$(A, B, C, D) = \frac{AC}{CB} : \frac{AD}{DB} = \frac{l_1[g(z''') - g(z')]}{l_1[g(z''') - g(z'')]} : \frac{l_1[g(z'''') - g(z')]}{l_1[g(z'''') - g(z'')]}$$

$$= \frac{g(z''') - g(z')}{g(z''') - g(z'')} : \frac{g(z'''') - g(z')}{g(z'''') - g(z'')}. \tag{3}$$

Alsdann verbinden wir die Punkte A, B, C, D durch die Strahlen a, b, c, d mit einem beliebigen Punkte F, bezeichnen die Winkel bei A und B mit α und β und kennzeichnen die Winkel bei F durch Angabe der beiden Strahlen, durch die sie gebildet werden. Der auf die Dreiecke ACF, ADF, BCF und BDF angewandte Sinussatz ergibt folgende Beziehungen:

$$\frac{AC}{CF} = \frac{\sin(ac)}{\sin \alpha}; \qquad \frac{AD}{DF} = \frac{\sin(ad)}{\sin \alpha}.$$

$$\frac{CF}{CB} = \frac{\sin \beta}{\sin(cb)}; \qquad \frac{DF}{DB} = \frac{\sin \beta}{\sin(db)}.$$

Durch Multiplikation der übereinanderstehenden Gleichungen erhalten wir:

$$\frac{AC}{CB} = \frac{\sin(ac)}{\sin(cb)} \cdot \frac{\sin \beta}{\sin \alpha} \quad \text{und} \quad \frac{AD}{DB} = \frac{\sin(ad)}{\sin(db)} \cdot \frac{\sin \beta}{\sin \alpha}.$$

Die Division dieser beiden Ausdrücke ergibt als Bedingung für die Winkel bei F:

$$\frac{\sin(ac)}{\sin(cb)} : \frac{\sin(ad)}{\sin(db)} = \frac{AC}{CB} : \frac{AD}{DB} = (A, B, C, D). \tag{4}$$

Ebenso bestimmen wir, von einem beliebigen anderen Anfangspunkte O' ausgehend, die denselben Werten z', z'', z''' und z'''' entsprechenden Punkte A', B', C' und D' der $f(z)$-Skala. Entsprechend der Gleichung 3 lautet das Doppelverhältnis dieser vier Punkte bei Benutzung jedes beliebigen Moduls:

$$(A', B', C', D') = \frac{f(z''') - f(z')}{f(z''') - f(z'')} : \frac{f(z'''') - f(z')}{f(z'''') - f(z'')}.$$

Setzen wir in diese Gleichung den Wert

$$f(z) = \frac{m \cdot g(z) + n}{p \cdot g(z) + q}$$

ein, so erhalten wir durch Kürzen, Ausmultiplizieren und Streichen der sich weghebenden Produkte die Beziehung:

$$(A', B', C', D') = \frac{f(z''') - f(z')}{f(z''') - f(z'')} : \frac{f(z'''') - f(z')}{f(z'''') - f(z'')} = \frac{g(z''') - g(z')}{g(z''') - g(z'')} : \frac{g(z'''') - g(z')}{g(z'''') - g(z'')}$$
$$= (A, B, C, D).$$

Die vier den Werten z', z'', z''' und z'''' entsprechenden Punkte A', B', C' und D' der $f(z)$-Skala haben also dasselbe Doppelverhältnis, wie die denselben z-Werten entsprechenden Punkte A, B, C, D der $g(z)$-Skala. Es gilt daher die oben abgeleitete Bedingungsgleichung 4

$$\frac{\sin(ac)}{\sin(cb)} : \frac{\sin(ad)}{\sin(db)} = (A, B, C, D) = (A', B', C', D')$$

für ein Strahlenbüschel durch die Punkte A', B', C', D' ebenso wie für ein Strahlenbüschel durch die Punkte A, B, C, D. Liegt also ein durch die Punkte A, B, C, D der $g(z)$-Skala gehendes Strahlenbüschel gezeichnet vor, so muß es immer möglich sein, die $f(z)$-Skala so einzupassen, daß ihre mit A', B', C', D' bezifferten Punkte auf den entsprechenden Strahlen durch die Punkte A, B, C, D liegen. Mit anderen Worten: **Besteht zwischen den beiden Funktionen $f(z)$ und $g(z)$ die Beziehung**

$$f(z) = \frac{m \cdot g(z) + n}{p \cdot g(z) + q}; \quad \begin{vmatrix} m & n \\ p & q \end{vmatrix} \gtreqless 0, \tag{5}$$

so läßt sich die $f(z)$-Skala durch projektive Umformung aus der $g(z)$-Skala gewinnen und umgekehrt.

Das Einpassen der $f(z)$-Skala in ein gezeichnet vorliegendes Büschel durch die Teilpunkte der $g(z)$-Skala gelegter Strahlen geschieht am einfachsten dadurch, daß wir uns drei unter Verwendung eines günstig gewählten Moduls l_2 berechnete Punkte (etwa A', B', D') der $f(z)$-Skala auf den Rand eines Papierstreifens auftragen und diesen solange verschieben, bis diese drei Punkte auf den Strahlen durch die entsprechenden Punkte A, B, D der $g(z)$-Skala liegen. Der Rand des Papierstreifens bestimmt alsdann die gesuchte Lage der $f(z)$-Skala. Es genügt drei von den vier Punkten A', B', C', D' einzupassen, da durch sie und das gegebene, das Doppelverhältnis (A', B', C', D') bestimmende Strahlenbüschel die Lage des vierten Punktes bestimmt ist.

Außer dem Sonderfall der Abb. 1 diene als Beispiel Abb. 3. Zur Berechnung der Wassergeschwindigkeit in Leitungen sowohl wie in offenen Läufen steht uns die de Chézysche Formel

$$v = k \sqrt{R \cdot J} \tag{I}$$

zur Verfügung, in der v die Wassergeschwindigkeit in m/sec, R den hydraulischen Halbmesser und J das Gefälle bedeutet, während k einen für Wasserführungen gleicher Art sich bei großen Gefällen nur mit R ändernden Wert darstellt. Ist $J \geqq 0{,}0005$, so gilt die „kleine Kuttersche Formel"

$$k = \frac{100\,\sqrt{R}}{m + \sqrt{R}}\,.\tag{II}$$

Nach dem oben Gesagten läßt sich die $\dfrac{100\,\sqrt{R}}{m + \sqrt{R}}$-Skala aus der $\sqrt{R}$-Skala durch projektive Umformung herleiten. Dies ist in Abb. 3 geschehen, die uns diese Skala für $m = 2{,}5$ liefert, d. h. für Gewässer mit Geschieben, etwa von der Art des Rheins

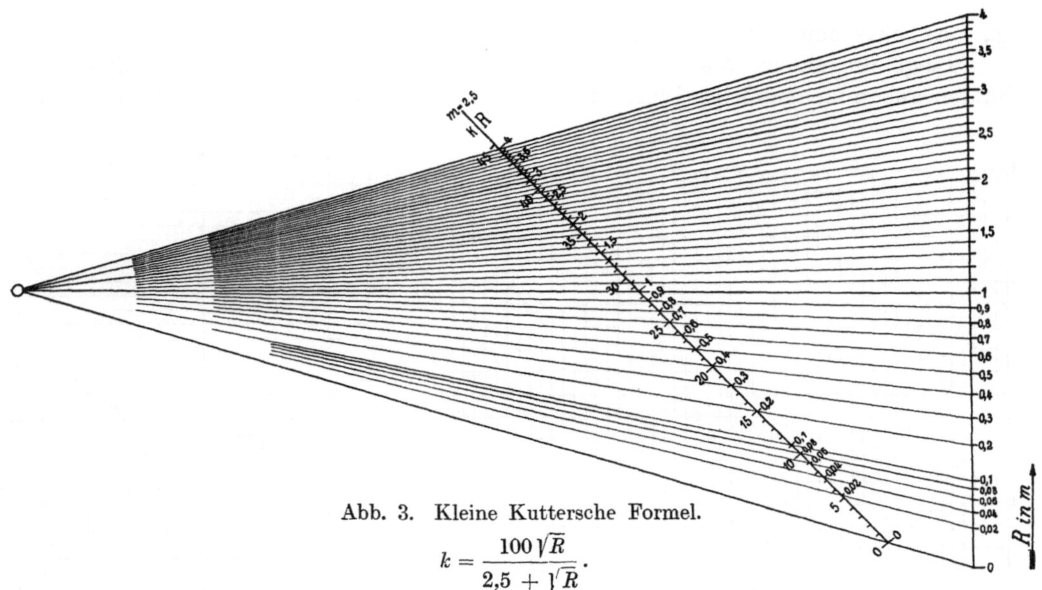

Abb. 3. Kleine Kuttersche Formel.

$$k = \frac{100\,\sqrt{R}}{2{,}5 + \sqrt{R}}\,.$$

vor seinem Einfluß in den Bodensee. Um die einem bestimmten R-Werte entsprechenden k-Werte unmittelbar ablesen zu können, ist auf der linken Seite der Skala eine regelmäßige, mit den entsprechenden k-Werten bezifferte Teilung angebracht worden, auf die wir später noch zurückkommen werden. Es wurden die den Werten $\sqrt{R} = 0$; 1 und 2 d. h. $R = 0$; 1 und 4 entsprechenden Werte 0; 28,57 und 44,44 der k-Skala zum Einpassen derselben verwendet.

III. Gezeichnete Rechentafeln für Gleichungen mit zwei Veränderlichen.

A. Rechentafeln mit Linienkreuzung[1]).

Wir betrachten zunächst die mit Hilfe von ebenen Bezugsystemen hergestellten Rechentafeln für Gleichungen mit nur zwei Veränderlichen.

Unter ihnen haben die

Cartesischen Rechentafeln,

das sind solche, denen ein (meist rechtwinkliges) Cartesisches Bezugsystem zugrunde liegt, weiteste Verbreitung gefunden. Es sei die Abhängigkeit zwischen den beiden Veränderlichen z_1 und z_2 gegeben durch die Gleichung:

$$F\,(z_1,\, z_2) = 0\,.\tag{6}$$

---

[1]) Erklärung des Namens s. S. 25.

Um hierfür eine Cartesische Rechentafel zu erhalten, tragen wir auf den beiden Achsen eines rechtwinkligen Bezugsystems die regelmäßigen Skalen für $f(z_1) = z_1$ und $f(z_2) = z_2$ mit geeignet gewählten Längeneinheiten l_1 und l_2 auf. Alsdann entspricht jedem Wertepaar (z_1, z_2) ein Punkt der Ebene, nämlich der, dessen Bezugsgrößen $x = l_1 \cdot z_1$ und $y = l_2 \cdot z_2$ sind. Insbesondere liegen alle die Punkte, welche den der Gleichung (6): $F(z_1, z_2) = 0$ genügenden Wertepaaren $\left(z_1 = \dfrac{x}{l_1}; \ z_2 = \dfrac{y}{l_2} \right)$ entsprechen, auf der durch die Gleichung

$$F(z_1, z_2) = F\left(\frac{x}{l_1}, \frac{y}{l_2} \right) = 0 \tag{6a}$$

im Cartesischen Bezugsystem festgelegten Linie.

Liegt umgekehrt diese Linie gezeichnet vor, so können wir auf den beiden Skalen zusammengehörige Werte z_1 und z_2 ablesen. Die Ablesung wird erleichtert,

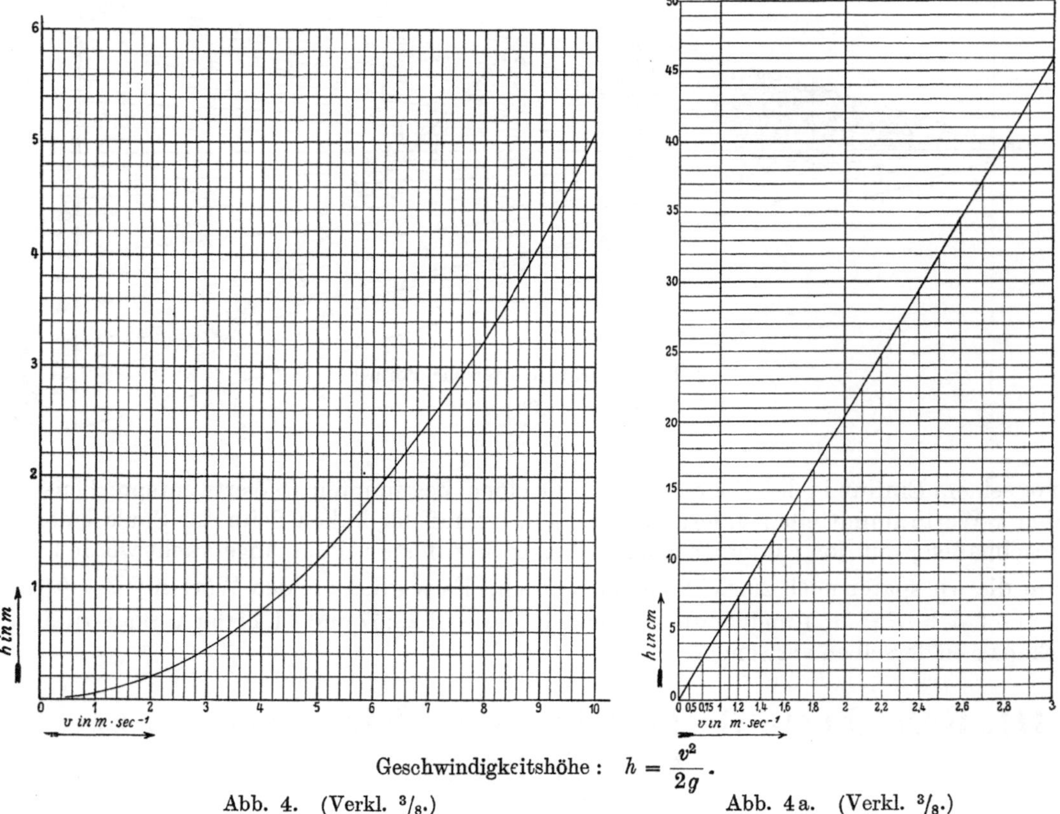

Geschwindigkeitshöhe : $h = \dfrac{v^2}{2g}$.

Abb. 4. (Verkl. $^3/_8$.)   Abb. 4a. (Verkl. $^3/_8$.)

wenn die Ebene mit einem Netz rechtwinklig sich schneidender Geraden überzogen wird, die runden, in gleichmäßigen Abständen aufeinander folgenden Werten von z_1 und z_2 entsprechen. Mit Vorteil werden zur Herstellung Cartesischer Rechentafeln die in zahlreichen Ausführungen im Handel befindlichen Millimeterpapiere oder gewöhnliches gekästeltes Papier verwendet.

Als Beispiel für eine Cartesische Rechentafel mit regelmäßigen Skalen, für welche die Abhängigkeit zwischen den Veränderlichen in mathematischer Fassung gegeben ist, diene Abb. 4. In ihr ist der durch

$$h = \frac{v^2}{2g} \tag{III}$$

oder

$$F(v, h) = \frac{v^2}{2g} - h = 0 \qquad \text{(III a)}$$

gekennzeichnete Zusammenhang zwischen Wassergeschwindigkeit v und der ihr entsprechenden Geschwindigkeitshöhe h dargestellt. Als Längeneinheit für die v-Skala ist $l_1 = 20$ mm, für die h-Skala $l_2 = 40$ mm gewählt. Durch Einsetzen der Werte $v = \dfrac{x}{l_1}$ und $h = \dfrac{y}{l_2}$ geht Gleichung III a über in:

$$F\left(\frac{x}{l_1}, \frac{y}{l_2}\right) = \frac{x^2}{2 \cdot g \cdot l_1^2} - \frac{y}{l_2} = 0$$

oder

$$x^2 = \frac{2 \cdot g \cdot l_1^2}{l_2} \cdot y,$$

d. h. die in Abb. 4 gezeichnete Kurve ist eine Parabel.

Bei dem der Rechentafel Abb. 4 zugrunde liegenden Verhältnis der beiden Modeln l_1 und l_2 [$l_1 : l_2 = 20 : 40 = \frac{1}{2}$] ist die Tafel für h-Werte, die kleiner als 20 cm sind,

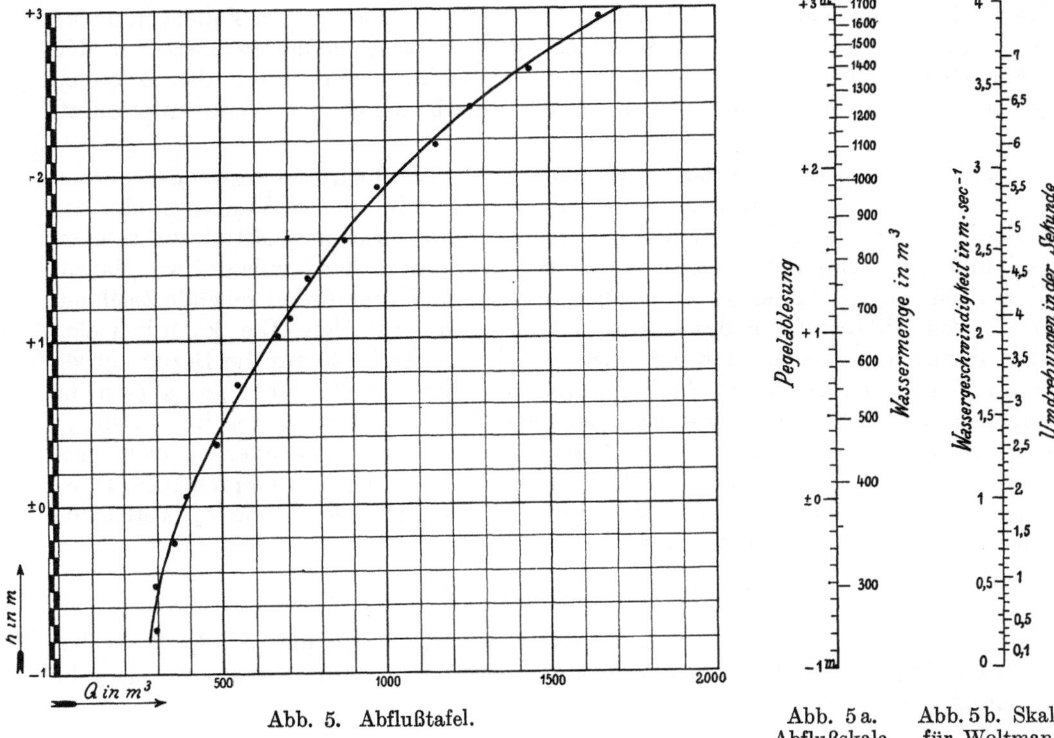

Abb. 5. Abflußtafel. Abb. 5a. Abflußskala. Abb. 5b. Skala für Woltmanflügel.

kaum mehr zu gebrauchen, da die Kurve in diesem Gebiet zu flach verläuft. Wollen wir die Tafel auch für kleinere h-Werte brauchbar gestalten, so müssen wir das Verhältnis $l_1 : l_2$ kleiner wählen.

Ist der theoretische Zusammenhang zwischen den Veränderlichen nicht bekannt, wie dies bei der in Abb. 5 dargestellten Abflußtafel der Fall ist, so können wir in das Cartesische Bezugsystem die Punkte eintragen, welche zusammengehörigen, durch Beobachtung des dargestellten Geschehnisses gefundenen Werten der Veränderlichen entsprechen. Diese Beobachtungsgrößen sind in unserem Beispiel die am Pegel abgelesenen Wasserstandshöhen h und die ihnen entsprechenden Wasserabflußmengen Q. Stetiger Verlauf des dargestellten Vorgangs vorausgesetzt, erhalten wir durch Verbinden dieser Punkte einen Linienzug, der bei Benutzung der Rechentafel zur Bestimmung beliebiger, nicht beobachteter Wertepaare an die Stelle der oben durch die Gleichung (6): $F(z_1, z_2) = 0$ festgelegten Linie tritt. Weil jedoch die einzelnen Beobachtungen mit unvermeidlichen Beobachtungsfehlern behaftet sind, wird es meist nicht möglich sein, eine glatt verlaufende Linie genau durch alle eingetragenen Punkte hindurchzuziehen. Berücksichtigen wir, daß sich Naturgeschehnisse nach möglichst einfachen Gesetzen abzuwickeln scheinen, so ist es dort, wo an der Stetigkeit im Ablauf des dargestellten Vorgangs nicht gezweifelt werden kann, berechtigt, den Linienzug so zwischen die gezeichneten Beobachtungspunkte einzuschalten, daß er möglichst glatt verläuft, ohne daß dabei der Unterschied zwischen den ihm entsprechenden und den durch Beobachtung gefundenen Wertepaaren größer wird als der mögliche Beobachtungsfehler.

Eine Cartesische Rechentafel mit regelmäßiger Teilung läßt sich für jede beliebige Abhängigkeit $F(z_1, z_2)$ herstellen und gibt ein überaus anschauliches Bild vom Verlauf des dargestellten Vorgangs. Da sie oft Schlüsse zuläßt auf die Form der noch unbekannten Gleichung, die den Zusammenhang zwischen den beiden Veränderlichen festlegt, empfiehlt sich ihre Anfertigung auch in den Fällen, in denen die Auffindung der formelmäßigen Fassung des Zusammenhangs zwischen den Veränderlichen Ziel der Untersuchung ist. Schließlich wird durch das Zeichnen von Rechentafeln obiger Art auch das Gedächtnis in wirksamer Weise unterstützt.

In den Fällen jedoch, in denen die Tafel nur als Rechentafel verwendet werden soll, in denen es also weniger auf anschauliche Darstellung eines Vorgangs oder des Inhalts einer Formel ankommt, als vielmehr auf ein wirksames Mittel zur raschen Bestimmung zusammengehöriger Werte der Veränderlichen, müssen wir darauf bedacht sein, das zeitraubende und leicht zu Ungenauigkeiten Anlaß gebende Zeichnen von Kurven mit Ausnahme des Kreises möglichst zu vermeiden. Dies kann in vielen Fällen dadurch geschehen, daß wir eine der beiden oder beide auf die Bezugsachsen aufgetragenen gleichmäßigen Skalen durch geeignete, ungleichmäßige, allgemeine Funktionsskalen ersetzen, wodurch erreicht wird, daß an die Stelle der die Abhängigkeit zwischen z_1 und z_2 vermittelnden Kurve eine leichter und genauer zu zeichnende Gerade tritt. Möglich ist eine solche Umgestaltung immer, empfehlenswert ist sie in allen den Fällen, in denen sich die gegebene zwischen z_1 und z_2 bestehende Gleichung leicht auf die Form

$$F(z_1, z_2) = a \cdot f_1(z_1) + b \cdot f_2(z_2) + c = 0 \tag{7}$$

bringen läßt. Tragen wir nämlich die durch $x = l_1 \cdot f_1(z_1)$ und $y = l_2 \cdot f_2(z_2)$ bestimmten Funktionsskalen auf den beiden Achsen des Bezugsystems auf, so geht Gleichung 7 über in

$$\frac{a \cdot x}{l_1} + \frac{b \cdot y}{l_2} + c = 0, \tag{7a}$$

d. h. die den Zusammenhang zwischen z_1 und z_2 vermittelnde Linie ist eine Gerade.

Ein Beispiel für eine Cartesische Rechentafel mit einer regelmäßigen und einer ungleichmäßigen Skala bietet Abb. 4a, in welcher die zwischen Geschwindigkeitshöhe und Wassergeschwindigkeit bestehende Beziehung $h = \dfrac{v^2}{2g}$ für kleine h- und v-Werte dargestellt ist.

Wie oben (S. 9) ist:

$$F(v, h) = \frac{v^2}{2g} - h = 0. \tag{IIIa}$$

Wählen wir $x = l_1 \cdot v^2$ und $y = l_2 \cdot h$ ($l_1 = 15$ mm, $l_2 = 5$ mm), so stellt die der Gleichung III a entsprechende Beziehung:

$$f(x, y) = \frac{x}{2 \cdot g \cdot l_1} - \frac{y}{l_2} = 0$$

die Gleichung der in Abb. 4a gezeichneten, den Zusammenhang zwischen v und h vermittelnden Geraden dar.

Nimmt die Beziehung zwischen z_1 und z_2 die Form

$$z_1 = a \cdot z_2^n \tag{8}$$

an, so können wir unter Verwendung der regelmäßigen Skala $x = l_1 \cdot z_1$ und der Potenzskala $y = l_2 \cdot z_2^n$ zu einer Geradendarstellung der Abhängigkeit zwischen z_1 und z_2 gelangen. Wenn aber die z_2^n-Werte für verschiedene z_2 nicht unmittelbar aus einer Tafel entnommen werden können, ist die Herstellung der z_2^n-Skala zeitraubend und wir kommen schneller zum Ziel, wenn wir die Gleichung 8 logarithmieren. Wir erhalten dadurch:

$$\log z_1 = \log a + n \cdot \log z_2 \tag{8a}$$

oder

$$F(z_1, z_2) = \log z_1 - n \cdot \log z_2 - \log a = 0 \; . \tag{8b}$$

Wählen wir als Funktionsskalen die beiden logarithmischen, durch $x = l_1 \cdot \log z_1$ und $y = l_2 \cdot \log z_2$ bestimmten Skalen, so wird der Zusammenhang zwischen z_1 und z_2 vermittelt durch die der Gleichung

$$f(x, y) = \frac{x}{l_1} - n \cdot \frac{y}{l_2} - \log a = 0 \tag{8c}$$

entsprechende Gerade.

Die obige Entwicklung gilt auch für den allgemeineren Fall, daß die Beziehung zwischen z_1 und z_2 durch die Gleichung

$$z_1^m = a \cdot z_2^n \tag{8d}$$

dargestellt ist, denn es kann durch Ziehen der $m$ten Wurzel die Gleichung 8d auf die Form der Gleichung 8 gebracht werden.

Da Gleichungen von der Form $z_1 = a \cdot z_2^n$ sehr häufig vorkommen, hat die Firma Carl Schleicher und Schüll in Düren auf Veranlassung von Prof. R. Mehmke[1] in Stuttgart und Geh. Oberreg.-Rat Prof. Dr. Schreiber in Dresden Netzpapiere mit logarithmischer Teilung längs beider Bezugsachsen hergestellt, die wir fortan „doppelt logarithmisch geteilte Netzpapiere" nennen wollen, und deren Benutzung dem Zeichner von Rechentafeln dringend empfohlen werden kann.

In Abb. 6 wird eine unter Verwendung doppelt logarithmisch geteilten Netzpapiers hergestellte Rechentafel gezeigt, welche die bei glatten Rohren zwischen der Widerstandsziffer λ und der Reynoldsschen Zahl $R = \dfrac{v \cdot r}{\nu}$ bestehende Abhängigkeit

$$\lambda = 0{,}133 \sqrt[4]{\frac{\nu}{v \cdot r}} = 0{,}133 \sqrt[4]{1/R} \tag{IV}$$

durch eine gerade Linie zur Darstellung bringt. Hierin bedeutet v die Wassergeschwindigkeit in m/sec, r den Rohrhalbmesser in m, ν die Zähigkeitszahl in cm²/sec. Durch Logarithmieren geht Gleichung IV über in

$$\log \lambda = \log 0{,}133 - \tfrac{1}{4} \log R$$

oder

$$F(\lambda, R) = \log \lambda + \tfrac{1}{4} \log R - \log 0{,}133 = 0 \; .$$

---

[1] Nach Pirani, Graphische Darstellung in Wissenschaft und Technik.

Da die dem verwendeten Netzpapier zugrunde liegenden Modeln l_1 und l_2 beide gleich 100 mm sind, ist

$$x = l_1 \cdot \log R = 100 \cdot \log R \text{ (mm)},$$
$$y = l_2 \cdot \log \lambda = 100 \cdot \log \lambda \text{ (mm)}$$

und als Gleichung der die Beziehung zwischen λ und R vermittelnden Geraden erhalten wir

$$f(x, y) = \frac{y}{l_2} + \frac{1}{4}\frac{x}{l_1} - \log 0{,}133 = 0,$$

$$f(x, y) = \frac{y}{100} + \frac{x}{400} - \log 0{,}133 = 0.$$

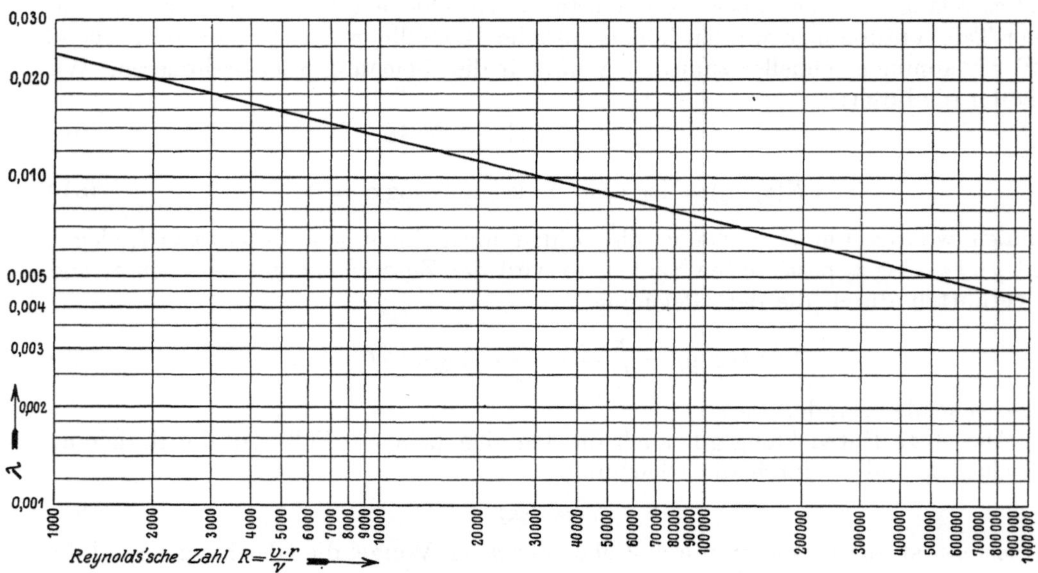

Widerstandsziffer λ bei glatten Rohren.

Abb. 6. (Verkl. $^4/_9$). $\lambda = 0{,}133 \sqrt[4]{\dfrac{v}{v \cdot r}}$.

Lautet die Beziehung zwischen den Veränderlichen

$$z_2 = a \cdot b^{z_1}, \tag{9}$$

wobei a und b unveränderliche Größen sind, so erhalten wir durch Logarithmieren:

$$\log z_2 = z_1 \cdot \log b + \log a \tag{9a}$$

oder

$$F(z_1, z_2) = \log z_2 - z_1 \cdot \log b - \log a = 0. \tag{9b}$$

Wir tragen nach passender Wahl.der beiden Modeln l_1 und l_2 auf den beiden Achsen die durch $x = l_1 \cdot z_1$ bestimmte regelmäßige und die $y = l_2 \cdot \log z_2$ entsprechende logarithmische Skala auf und erhalten durch Einsetzen der Werte $z_1 = \dfrac{x}{l_1}$ und $\log z_2 = \dfrac{y}{l_2}$ in die Gleichung 9b:

$$f(x, y) = \frac{y}{l_2} - \frac{x}{l_1}\log b - \log a = 0. \tag{9c}$$

Diese Gleichung stellt wieder eine in das gewählte Bezugsnetz leicht einzuzeichnende Gerade dar, die uns den Zusammenhang zwischen z_1 und z_2 vermittelt.

Um auch in diesem Falle das erforderliche Bezugsnetz nicht zeichnen zu müssen, verwenden wir das von der oben genannten Firma gleichfalls unter ihre wissenschaftlichen Papiere aufgenommene „einfach logarithmisch geteilte Netzpapier", welches — wie aus Abb. 7 ersichtlich — eine logarithmische und eine regelmäßige Teilung aufweist.

Der Leser wird ohne weiteres einsehen, daß die Gleichung 9 ein Sonderfall der Gleichung

$$z_2 = a \cdot b^{f(z_1)} \tag{9d}$$

ist, deren Darstellung durch eine gerade Linie wir erhalten, wenn wir oben an die Stelle der regelmäßigen Skala die durch $x = l_1 \cdot f(z_1)$ bestimmte allgemeine Funktionsskala treten lassen.

Wollen wir nun eine zwischen z_1 und z_2 bestehende Beziehung von der Form

$$z_2 = a \cdot (\sin z_1)^m \tag{10}$$

durch eine Gerade zur Darstellung bringen, so bedienen wir uns mit Vorteil des ebenfalls von der Firma Carl Schleicher und Schüll in Dreifarbendruck hergestellten Sinuslogarithmenpapiers. Dieses Netzpapier ist aufgebaut auf einer gewöhnlichen logarithmischen Skala und einer Skala der Funktion $\log (\sin z)$. Bezeichnen wir die Modeln dieser beiden Skalen mit l_1 und l_2 und setzen wir $\dfrac{x}{l_1} = \log (\sin z_1)$ und $\dfrac{y}{l_2} = \log z_2$ in die logarithmierte Gleichung 10 ein, so erhalten wir als Gleichung der obige Beziehung vermittelnden Geraden

$$f(x, y) = \log a + m \cdot \frac{x}{l_1} - \frac{y}{l_2} = 0 . \tag{10a}$$

Sind die beiden Veränderlichen z_1 und z_2 durch die Gleichung

$$z_1 = a \cdot z_2^n + b \cdot z_2^m \tag{11}$$

verbunden, so empfiehlt es sich oft, zu schreiben:

$$\frac{z_1}{z_2^n} = a + b \cdot z_2^{(m-n)} . \tag{11a}$$

Setzen wir nun $\dfrac{z_1}{z_2^n} = z_3$, tragen wir längs der einen Achse die durch $x = l_1 \cdot z_2^{(m-n)}$, längs der anderen Achse die durch $y = l_2 \cdot z_3$ bestimmte Skala auf und führen wir die Werte $z_3 = \dfrac{z_1}{z_2^n} = \dfrac{y}{l_2}$ und $z_2^{(m-n)} = \dfrac{x}{l_1}$ in die Gleichung 11a ein, so erhalten wir als Gleichung der die Beziehung zwischen $\dfrac{z_1}{z_2^n}$ und z_2 vermittelnden Geraden

$$\frac{y}{l_2} = a + b \cdot \frac{x}{l_1} . \tag{11b}$$

Diese Rechentafel liefert uns unmittelbar nur den zu z_2 gehörigen Wert des Verhältnisses $z_3 = \dfrac{z_1}{z_2^n}$. Ist $n = 1$, so können wir oft den Wert von z_1 aus z_2 und $z_3 = \dfrac{z_1}{z_2}$ schnell im Kopfe rechnen. Wenn dies jedoch nicht möglich ist, so läßt sich die Rechentafel mit einer zweiten verbinden, die es gestattet, den zu einem bestimmten z_2-Werte und zu dem entsprechenden, obiger Rechentafel entnommenen Verhältnis $z_3 = \dfrac{z_1}{z_2^n}$ gehörigen Wert von z_1 zu ermitteln. Auf S. 34 verweisend, verzichten wir darauf, an dieser Stelle ein Beispiel anzuführen.

Ist die mathematische Form des Zusammenhanges zwischen den beiden Veränderlichen unbekannt, so empfiehlt es sich, die Beobachtungsgrößen in allen den Fällen auf doppelt logarithmisch geteiltes Netzpapier aufzutragen, in denen zwischen ihnen ein der Gleichung (8): $z_1 = a \cdot z_2^n$ entsprechender Zusammenhang vermutet wird. War die Vermutung richtig, so müssen alle den Beobachtungen entsprechenden Punkte innerhalb der dem Beobachtungsfall zukommenden Genauigkeit auf einer unter dem Winkel α gegen die X-Achse geneigten Geraden liegen, aus deren Lage wir die gleichbleibenden Größen a und n der zwischen den Veränderlichen bestehenden Gleichung 8 gewinnen können. Die für diese Gerade gültige Gleichung 8c liefert uns nämlich

$$\operatorname{tg}\alpha = \frac{l_2}{l_1 \cdot n}\,; \qquad n = \frac{l_2}{l_1 \cdot \operatorname{tg}\alpha}$$

und bei Verwendung des einem beliebigen Punkte der Geraden entsprechenden Wertepaares (x, y)

$$\log a = \frac{x}{l_1} - n\,\frac{y}{l_2} = \frac{x}{l_1} - \frac{y}{l_1 \cdot \operatorname{tg}\alpha}\,.$$

Vermuten wir jedoch zwischen den Veränderlichen einen Zusammenhang von Art der Gleichung 9: $z_2 = a \cdot b^{z_1}$ oder 9d: $z_2 = a \cdot b^{f(z_1)}$, so werden wir die Beobachtungsgrößen auf einfach logarithmisch geteiltes Netzpapier auftragen, wie es in Abb. 7 geschehen ist. Die dieser Abbildung zugrunde liegende Aufgabe heißt: ,,Es ist zu untersuchen, inwieweit die Verteilung der längs einer Lotrechten gemessenen Wassergeschwindigkeiten v in Flüssen dem Gesetze

$$v = a + b \cdot \log h \quad \text{(vereinfachte Jasmundsche Formel)} \tag{V}$$

entspricht, wenn a und b unveränderliche Größen sind und h den Abstand der Meßstelle von der Flußsohle darstellt.''

Als Beobachtungswerte stehen uns die Mittelwerte aus zahlreichen in der Elbe ausgeführten Geschwindigkeitsmessungen zur Verfügung, die im Handbuch der Ingenieurwissenschaften, III. Teil, 1. Band, S. 462 angegeben sind und Jasmund als Grundlage für seine Untersuchungen über die Geschwindigkeitsverteilung in Flüssen gedient haben. Die den Zusammenhang zwischen v und h vermutlich darstellende Gleichung V entspricht ihrer Form nach der durch Logarithmieren aus Gleichung 9 entstandenen Gleichung 9a. Wir haben daher zur Auftragung der Beobachtungswerte einfach logarithmisch geteiltes Netzpapier verwendet, für das der Modul der logarithmischen ($\log h$)-Skala $l_2 = 250$ mm ist, während wir die Länge des Moduls der regelmäßigen (v)-Skala zu $l_1 = 200$ mm gewählt haben. Tragen wir nun die Beobachtungswerte in unser Bezugsnetz ein, so sehen wir, daß sie in verschiedene Gruppen zerfallen, deren jede einer bestimmten Flußtiefe entspricht. Insbesondere die Punkte der niedrigen Flußtiefen entsprechenden Gruppen ordnen sich sehr gut zu Geraden. Bei größeren Flußtiefen trifft dies jedoch zumal für die in Sohlennähe gemachten Messungen nicht mehr zu. Da in anderen Flüssen ausgeführte Geschwindigkeitsmessungen zu gleichen Ergebnissen führten, können wir schließen, daß der Ausdruck V für Flüsse bis zu einer Tiefe von 6—7 m ein mit der Wirklichkeit recht gut übereinstimmendes Gesetz der Geschwindigkeitsverteilung längs einer Lotrechten ergibt. Aus der gezeichneten Rechentafel lassen sich rückwärts die Werte der für eine bestimmte Flußtiefe unveränderlichen Größen a und b errechnen. Bei der gewählten Modullänge ist nämlich $v = \dfrac{x}{l_1} = \dfrac{x}{200}$ und $\log h = \dfrac{y}{l_2} = \dfrac{y}{250}$. Mit diesen Werten geht die Gleichung V über in

$$\frac{x}{200} = a + b\,\frac{y}{250}$$

oder

$$f(x,\,y) = \frac{x}{200} - b\,\frac{y}{250} - a = 0\,. \tag{Va}$$

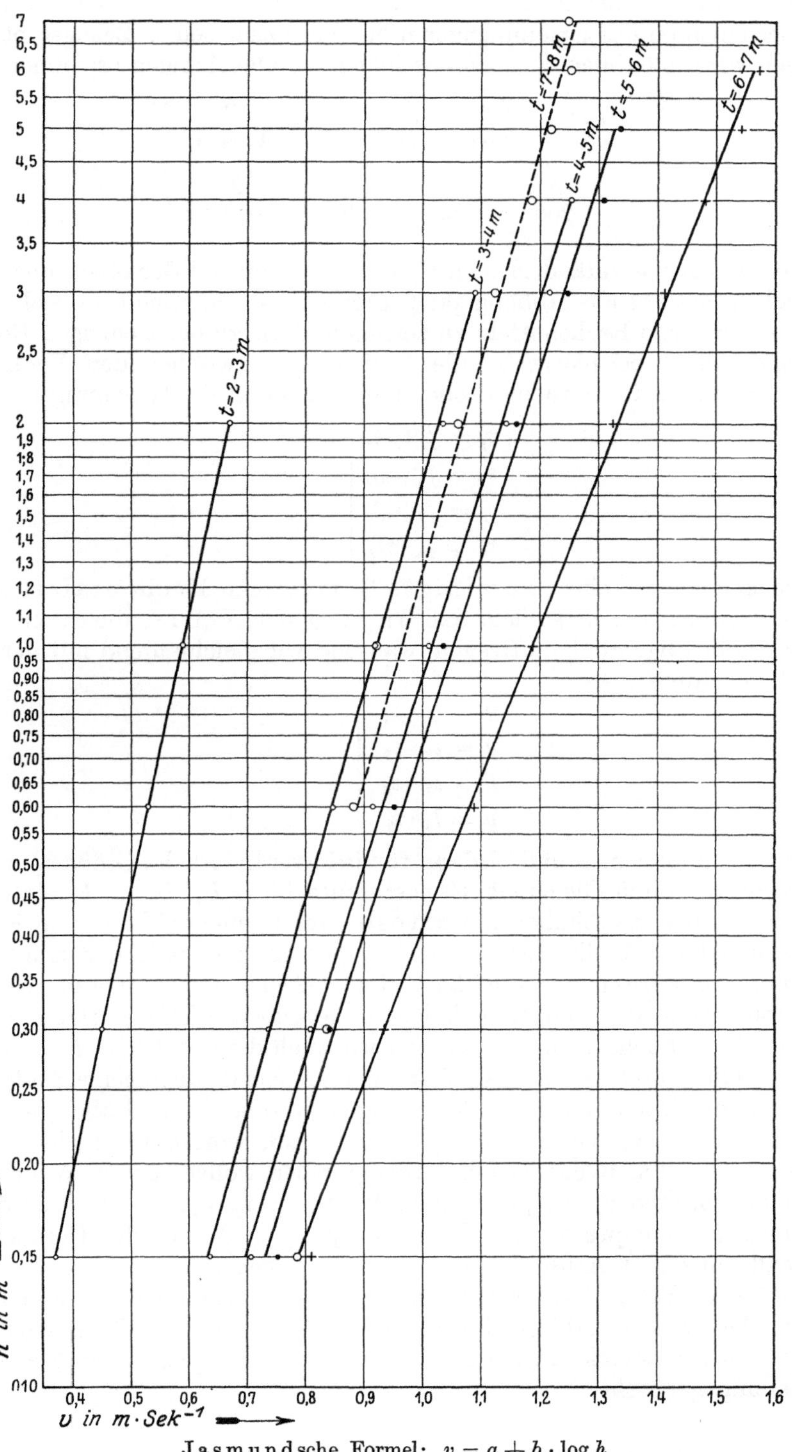

Jasmundsche Formel: $v = a + b \cdot \log h$

Abb. 7. (Verkl. $^4/_{10}$.)

Messen wir die Tangente des Winkels α, den die einer bestimmten Flußtiefe entsprechende Gerade mit der X-Achse bildet und bestimmen wir für einen beliebigen Punkt dieser Geraden das zusammengehörige Wertepaar seiner Bezugsgrößen x und y, so können wir die Größen a und b aus folgenden Gleichungen errechnen:

$$\operatorname{tg}\alpha = \frac{250}{200\,b} = \frac{5}{4\,b}; \qquad b = \frac{5}{4\cdot\operatorname{tg}\alpha},$$

$$a = \frac{x}{200} - b\,\frac{y}{250} = \frac{x}{200} - \frac{y}{200\cdot\operatorname{tg}\alpha}.$$

Ist die zwischen n veränderlichen Größen und ein und derselben unabhängigen Veränderlichen bestehende Abhängigkeit gegeben, so empfiehlt es sich zuweilen, anstatt n verschiedene Rechentafeln zu zeichnen, diese zu einer einzigen Rechentafel zu vereinigen. Sind beispielsweise die Beziehungen zwischen den Veränderlichen z_1, z_2, $z_3 \ldots z_n$ und z_0 in mathematischer Fassung durch die Gleichungen

$$\left.\begin{aligned} z_1 &= f_1\,(z_0), \\ z_2 &= f_2\,(z_0), \\ z_3 &= f_3\,(z_0), \\ z_n &= f_n\,(z_0) \end{aligned}\right\} \tag{12}$$

gegeben, so können wir eine „vereinigte Cartesische Rechentafel" mit regelmäßigen Skalen dadurch herstellen, daß wir längs der X-Achse die durch $x = l_0\cdot z_0$ bestimmte regelmäßige Skala auftragen, während wir gleichlaufend mit der Y-Achse n regelmäßige, durch

$$\left.\begin{aligned} y &= l_1\cdot z_1, \\ y &= l_2\cdot z_2, \\ y &= l_3\cdot z_3, \\ y &= l_n\cdot z_n \end{aligned}\right\} \tag{12a}$$

bestimmte Skalen anordnen und alsdann für jede veränderliche Größe z_1, z_2, $z_3 \ldots z_n$ die entsprechende durch Gleichung 12 bestimmte Linie L_1, $L_2 \ldots L_n$ eintragen, wie wir es oben bei den gewöhnlichen Cartesischen Rechentafeln mit gleichmäßigen Skalen getan haben. Wollen wir erreichen, daß an die Stelle der Kurven gerade Linien treten, so müssen wir die längs der Y-Achse angeordneten regelmäßigen Skalen durch allgemeine Funktionsskalen in derselben Weise ersetzen, wie wir es auf S. 10 gesehen haben. Zuweilen können wir auch die durch $x = l_0\cdot z_0$ bestimmte regelmäßige Skala durch eine $x = l_0\cdot f_0\,(z_0)$ entsprechende allgemeine Skala ersetzen, die jedoch für die Darstellung der Beziehungen zwischen z_0 und allen den verschiedenen z_1-, z_2-, z_3- $\ldots z_n$-Werten dieselbe sein muß, wofern wir nicht des Hauptvorteils der vereinigten Rechentafeln verlustig gehen wollen, der darin besteht, daß alle einem bestimmten z_0 entsprechenden Werte z_1, z_2, $z_3 \ldots z_n$ bestimmt sind als Schnittpunkte der entsprechenden Geraden L_1, $L_2 \ldots L_n$ mit der Geraden, welche gleichlaufend mit der Y-Achse durch den Punkt z_0 geht.

Als einfaches Beispiel einer vereinigten Cartesischen Rechentafel mit regelmäßigen Skalen sind in Abb. 8 das Eigengewicht γ und die Zähigkeitszahl ν des Wassers in ihrer Abhängigkeit von der in Celsiusgraden ausgedrückten Wasserwärme t zur Darstellung gebracht.

Wir können uns von dem Zeichnen des Bezugsnetzes durch Benutzung einer beweglichen Ablesevorrichtung freimachen. In diesem Falle bestehen die Cartesischen Rechentafeln selbst nur aus den beiden Skalen und aus der die Beziehung zwischen den Veränderlichen vermittelnden Linie L. Die Ablesevorrichtung gewinnen wir dadurch, daß wir eine Tafel aus Glas oder aus Zelluloid oder ein Stück Pauspapier mit zwei „Ablesegeraden" versehen, die sich unter demselben (meist rechten) Winkel schneiden wie die beiden Skalen. Bei Benutzung der Rechentafel müssen wir die Ablesevorrichtung so verschieben, daß sich der Schnittpunkt der beiden Ablesegeraden auf der Linie L bewegt, während diese Geraden selbst dabei stets in gleicher Richtung mit den beiden Skalen verlaufen. Die Ablesegeraden schneiden sodann die jeweils nicht gleichgerichteten Skalen in Punkten, welche zusammengehörigen Werten der beiden Veränderlichen entsprechen. Die Ablesevorrichtung kann entweder zwangläufig durch Gleiten längs Schienen in der richtigen Lage gehalten werden oder sie kann dadurch gerichtet werden, daß wir sie mit zahlreichen geraden Strichen G versehen, die in geringen Abständen voneinander gleichgerichtet mit einer der beiden Ablesegeraden verlaufen. Wir brauchen in letzterem Fall bei Benutzung der Rechentafel nur darauf zu achten, daß der Schnittpunkt der beiden Ablesegeraden sich auf der Linie L bewegt und daß sich gleichzeitig die eine Skala entweder mit einer der Geraden G deckt oder, zwischen zwei solcher Geraden eingeschlossen, in gleicher Richtung mit ihnen verläuft.

Dieser kurze Hinweis auf die Anwendung beweglicher Ablesevorrichtungen beim Gebrauch Cartesischer Rechentafeln möge genügen, da wir uns — vielleicht abgesehen von einigen Sonderfällen — keinen großen Vorteil von ihrer Benutzung versprechen.

Ebenso wie wir uns bisher zur Darstellung der zwischen zwei Veränderlichen bestehenden Beziehungen eines Cartesischen Bezugsystems bedient haben, können wir der Rechentafel auch ein beliebiges anderes Bezugsystem zugrunde legen. Wir beschäftigen uns zunächst mit den

polaren Rechentafeln,

zu deren Herstellung wir uns eines polaren Bezugsystems bedienen. In ihm bezeichnen wir

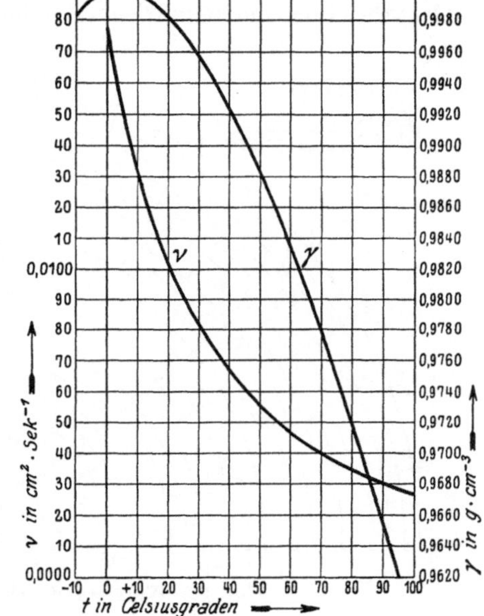

Abb. 8. Eigengewicht γ und Zähigkeitszahl ν des Wassers in Abhängigkeit von seiner Temperatur.

die Länge des Leitstrahls mit r und den Polarwinkel mit ω. Die darzustellende Gleichung sei wiederum gegeben durch

$$f(z_1,\ z_2) = 0\,. \tag{13}$$

Ausgehend vom Anfangspunkt eines polaren Bezugsystems tragen wir auf einem beliebigen Leitstrahl die durch $r = l_1 \cdot z_1$ bestimmte Skala auf und übertragen ebenso auf einen Kreis um den Anfangspunkt von dem mit $\omega = 0$ bezeichneten Punkte aus beginnend die regelmäßige $\omega = l_2 \cdot z_2$ entsprechende Skala. Durch Einsetzen der Werte $z_1 = \dfrac{r}{l_1}$ und $z_2 = \dfrac{\omega}{l_2}$ geht die Gleichung 13 über in

$$f\left(\frac{r}{l_1};\ \frac{\omega}{l_2}\right) = 0\,. \tag{13a}$$

Gleichung 13a stellt uns im polaren Bezugsystem die Gleichung der Linie L dar, welche den Zusammenhang zwischen den beiden Veränderlichen z_1 und z_2 vermittelt.

Wir können natürlich auch jetzt, wie bei den Cartesischen Rechentafeln an Stelle der regelmäßigen Skalen allgemeine durch

$$r = l_1 \cdot f_1 (z_1)$$

$$\text{und} \quad \omega = l_2 \cdot f_2 (z_2)$$

bestimmte Funktionsskalen anwenden und werden dies auch tun, so oft dadurch die zu zeichnenden Linien eine zweckmäßigere Gestalt erhalten. Polare Rechentafeln werden mit Vorteil meist nur dann verwendet, wenn eine der beiden Veränderlichen einen Winkelwert darstellt. In diesen Fällen haben die polaren Rechentafeln bei zweckmäßiger Herstellung gegenüber den Cartesischen Rechentafeln den Vorzug größerer Anschaulichkeit. Es versteht sich von selbst, daß die Anfertigung polarer Rechentafeln ebensowenig wie die Herstellung Cartesischer Rechentafeln auf die Fälle beschränkt ist, in denen der Zusammenhang zwischen den Veränderlichen in Gestalt einer mathematischen Gleichung bekannt ist.

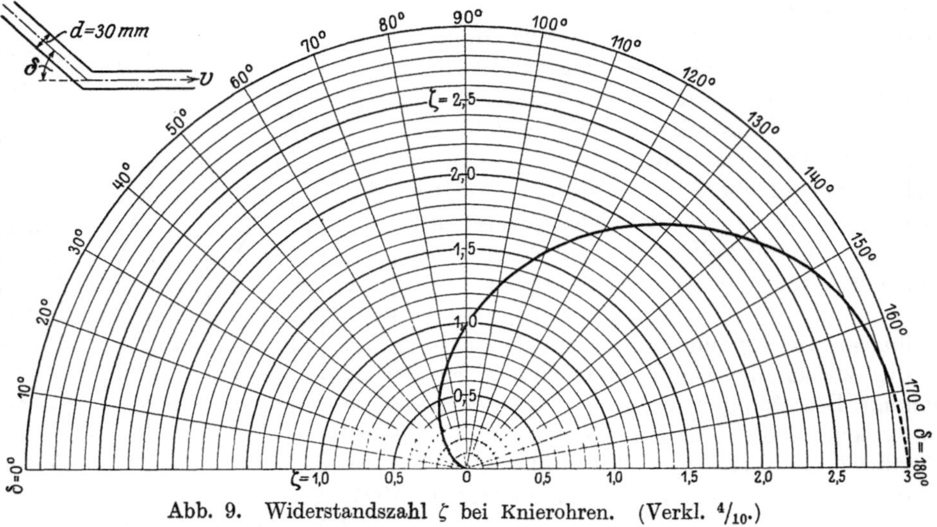

Abb. 9. Widerstandszahl ζ bei Knierohren. (Verkl. $^4/_{10}$.)

Abb. 9 zeigt eine polare Rechentafel für die bei Knierohren von 30 mm Durchmesser bestehende Abhängigkeit zwischen der Widerstandszahl ζ und dem Ablenkungswinkel δ. Nach Weisbach lautet diese Beziehung

$$\zeta = 0{,}9457 \cdot \sin^2 \delta/2 + 2{,}047 \cdot \sin^4 \delta/2 \qquad (\text{VI})$$

Zur Herstellung der Tafel ist ein gleichfalls im Handel befindliches Papier mit aufgedrucktem polaren Bezugsnetz verwendet worden. Wir wählen $l_1 = 50$ mm und $l_2 = 1$, so daß mit $r = 50\,\zeta$ und $\omega = \delta$ die Gleichung der die Beziehung zwischen ζ und δ vermittelnden Linie bei Benutzung polarer Bezugsgrößen lautet:

$$\frac{r}{50} = 0{,}9457 \sin^2 \frac{\omega}{2} + 2{,}047 \cdot \sin^4 \frac{\omega}{2}. \qquad (\text{VI a})$$

Während sich bei den Cartesischen Rechentafeln die Verwendung einer beweglichen Ablesevorrichtung im allgemeinen nicht empfiehlt, da ihre zwangläufige Führung Schwierigkeiten bereitet, ist dies bei den polaren Rechentafeln nicht der Fall. Wir brauchen nur, wie es in Abb. 10 geschehen ist, dafür Sorge zu tragen, daß die bisher auf einem Leitstrahl aufgetragene, durch $r = l_1 \cdot f_1 (z_1)$ bestimmte Skala auf einem um den Anfangspunkt drehbaren Lineal aus Pappe, Blech oder dünnem

Holz angeordnet wird. Tragen wir sodann auf einem um den Anfangspunkt als Mittelpunkt gezeichneten Kreis die $\omega = l_2 \cdot f_2(z_2)$ entsprechende Skala auf und zeichnen wir die den Zusammenhang zwischen z_1 und z_2 vermittelnde Linie L, so brauchen wir nur das Lineal auf den gegebenen z_2-Wert einzustellen und im Schnittpunkt des Lineals mit der Linie L den z_2 entsprechenden Wert für z_1 abzulesen.

Die Verwendung polarer Rechentafeln mit beweglicher Ablesevorrichtung empfiehlt sich infolge ihrer durch kein Bezugsnetz beeinträchtigten Übersichtlichkeit zumal dann, wenn in ihnen mehrere, verschiedenen dargestellten Beziehungen entsprechende Linien eingetragen sind, wie dies in Abb. 10 der Fall ist und wie wir es später bei Verwendung polarer Rechentafeln zur Auflösung von Gleichungen mit drei veränderlichen Größen sehen werden.

Die in Abb. 10 dargestellte polare Rechentafel mit beweglicher Ablesevorrichtung läßt uns die Größe der Ausflußzahl μ für eine Reihe von Fällen erkennen, in denen Anbringungsweise und Form des Mundstücks bekannt sind, durch welches der Ausfluß des Wassers aus einem Behälter stattfindet (Hütte, 21. Aufl., Bd. I, S. 280). Das Nähere ist aus der Beschreibung der Rechentafel selbst ersichtlich.

Oft können wir eine anzufertigende Rechentafel dadurch anschaulicher gestalten, daß wir an Stelle des Cartesischen oder polaren Bezugsystems ein **dem besonderen Zwecke angepaßtes Bezugsystem** wählen. Abb. 11 gibt ein Beispiel. Ein Kreiszylinder vom Halbmesser r sei von einer ebenen Strömung umflossen, die im Unendlichen die mit der X-Achse gleichgerichtete Geschwindigkeit V habe. Bezeichnen wir mit y den Abstand eines Punktes des Zylinderumfangs von der durch die Zylindermitte gehenden X-Achse, so ist die Wassergeschwindigkeit v_u am Zylinderumfange bestimmt durch die Gleichung

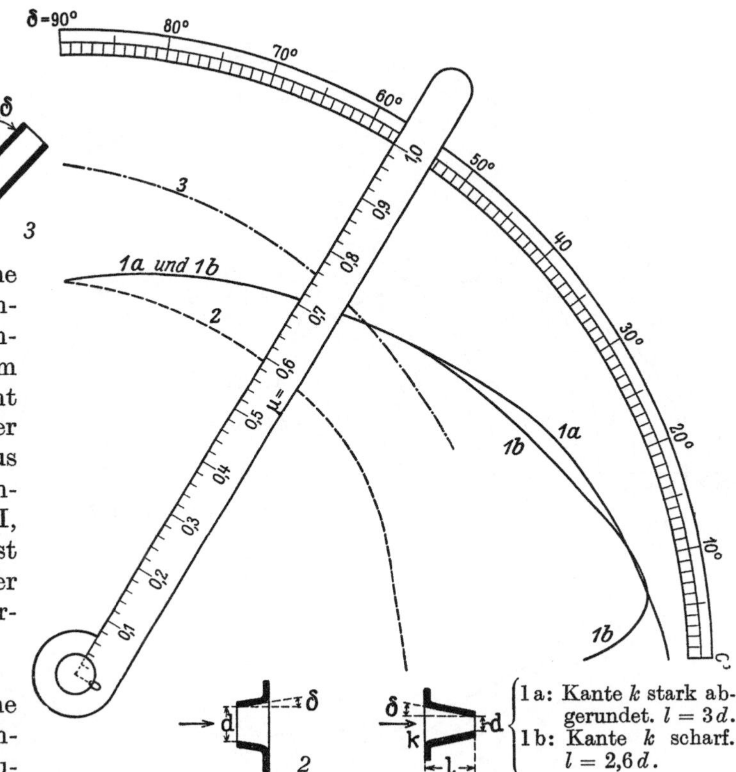

Abb. 10. Ausflußzahl μ bei verschiedenen Mundstücken.

$$v_u = \frac{2\,y}{r} \cdot V. \qquad\qquad \text{(VII)}$$

(Wir können diese Formel leicht aus der u. a. von Lorenz in seiner „Technischen Hydromechanik" S. 283 angegebenen Gleichung ableiten, wenn wir in ihr $v_u = \sqrt{w_x^2 + w_y^2}$, $r = a = \sqrt{x^2 + y^2}$, $V = A$ und $r^2 \cdot V = a^2 \cdot A = B$ einsetzen.) Die in Abb. 11 dargestellte Rechentafel ist nun in der Weise entstanden, daß wir auf den durch beliebige Punkte P des Zylinderumfangs gezogenen Halbmessern vom äußersten

Kreis des Bezugsnetzes aus die den Punkten P entsprechenden Werte $\dfrac{v_u}{V} = \dfrac{2\,y}{r}$ in der Richtung nach dem Kreismittelpunkt aufgetragen und dabei den Modul $l_1 = 30\ \text{mm}$ so gewählt haben, daß der in der Abbildung durch eine stärkere Linie hervorgehobene Umfang des Kreiszylinders dem Werte $\dfrac{v_u}{V} = 1$ oder $v_u = V$ entspricht. Verbinden wir die auf diese Weise aufgetragenen Punkte durch eine Linie L, so schneidet diese den Zylinderumfang dort, wo die Geschwindigkeit v_u

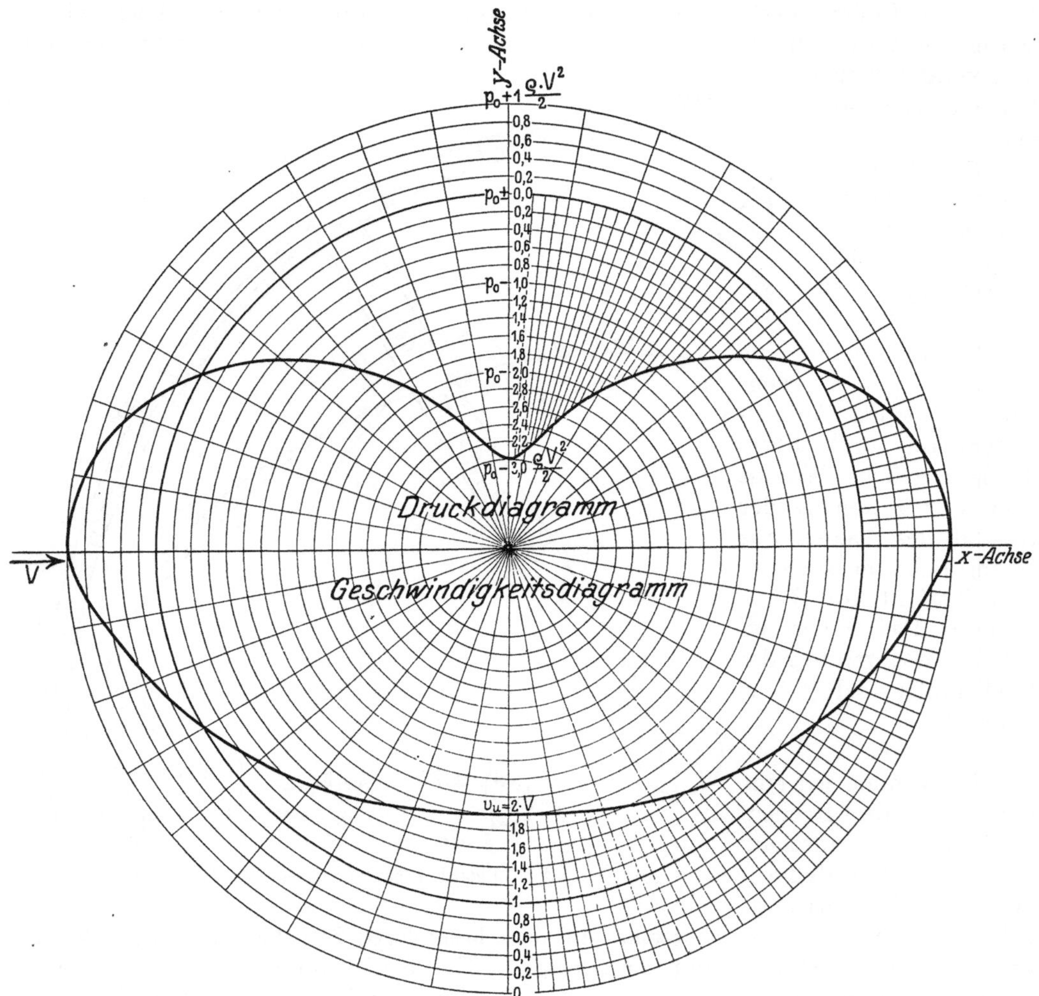

Abb. 11. Geschwindigkeits- und Druckverteilung längs des Umfangs eines Kreiszylinders. (Verkl. $^4/_{10}$.)

gleich der im Unendlichen herrschenden Geschwindigkeit V ist, d. h. dort, wo $y = \dfrac{r}{2}$ ist oder wo der betreffende Zylinderhalbmesser mit der X-Achse einen Winkel von $30°$ bildet. Der Abstand der Linie L vom äußersten Kreise gibt das auf einer Skala abzulesende Verhältnis $\dfrac{v_u}{V}$ an, während ihr Abstand vom Zylinderumfang erkennen läßt, um wieviel v_u an der betreffenden Stelle größer oder kleiner ist als V. Der Teil der Rechentafel, welcher für die der Strömung abgekehrte Seite des Zylinders bestimmt ist, wurde mit Strichelung versehen und ist nur bei Annahme einer vollkommenen Flüssigkeit gültig. In Wirklichkeit stören in diesem Teile die auftretenden Wirbel das dargestellte Bild der Geschwindigkeitsverteilung, das auf der dem Strom zugekehrten Seite des Zylinders sehr gut mit der Wirklichkeit übereinstimmt.

Durch Anwendung der Bernoullischen Gleichung erhalten wir zur Berechnung des am Zylinderumfang herrschenden Druckes die Gleichung

$$p = p_0 + \frac{\varrho \cdot V^2}{2}\left[1 - \left(\frac{2\,y}{r}\right)^2\right]. \qquad\qquad \text{(VIII)}$$

In ihr bezeichnet p_0 den im Unendlichen in der betreffenden Flüssigkeitsschicht herrschenden Druck und ϱ die Dichte des Wassers. In dem oberen Teil der Abb. 11 sind in jedem Punkte des Zylinderumfangs die positiven Werte von $\left[1 - \left(\frac{2y}{r}\right)^2\right]$ nach außen, die negativen Werte dagegen nach innen in Richtung des Halbmessers aufgetragen. Diese geben, vervielfacht mit dem jeweiligen, für eine bestimmte Strömung gleichbleibenden Werte des Produktes $\frac{\varrho \cdot V^2}{2}$ an, um wieviel sich der Wasserdruck an der betreffenden Stelle des Zylinderumfangs von dem im Unendlichen herrschenden Drucke p_0 unterscheidet Da die Drucke senkrecht zum Zylinderumfang gerichtet sind, so stellt die Rechentafel 11, dank des dem besonderen Zwecke eigens angepaßten Bezugsystems, die Drucke nicht nur der Größe nach an der ihnen zukommenden Stelle des Zylinderumfangs dar, sondern sie gibt auch in jedem einzelnen Punkte die Richtung der Druckwirkung an. Auch hier gilt die mit Strichelung versehene Fläche nur bei Annahme einer vollkommenen Flüssigkeit.

B. Fluchtlinientafeln.

Der Vollständigkeit halber seien hier auch die Fluchtlinientafeln für Gleichungen mit zwei Veränderlichen erwähnt. Wir denken uns in Abb. 3 nur die $\sqrt{R}$-Skala und die regelmäßige Skala gezeichnet, auf der wir den einem bestimmten R-Werte entsprechenden Wert von k abgelesen haben. Befestigen wir nun im Punkte Z einen Faden und spannen ihn so, daß er durch den einem bestimmten R entsprechenden Punkt der $\sqrt{R}$-Skala hindurchgeht, so können wir in seinem Schnittpunkte mit der regelmäßigen Skala den Wert von k ablesen, welcher dem eingestellten R-Werte entspricht.

Wir haben die bisher aufgeführten Rechentafeln für Gleichungen mit zwei Veränderlichen eingehender besprochen als ihrer Bedeutung entspricht. Es geschah dies, um dadurch eine Grundlage zu schaffen, welche die Beschreibung der weiter unten zu behandelnden Rechentafeln für drei und mehr Veränderliche wesentlich vereinfacht.

C. Rechentafeln mit vereinigten Skalen.

Bevor wir uns jedoch den Rechentafeln für Gleichungen mit mehr als zwei Veränderlichen zuwenden, müssen wir noch die Rechentafeln mit vereinigten Skalen besprechen, die meines Erachtens bisher bei den Ingenieuren keine ihrer Bedeutung entsprechende Beachtung gefunden haben.

Die Beziehung zwischen den beiden Veränderlichen z_1 und z_2 sei durch die Gleichung

$$f_1(z_1) = f_2(z_2) \qquad\qquad (14)$$

gegeben. Durch Vervielfachen der beiden Seiten mit der als Modul gewählten Größe l erhalten wir

$$l \cdot f_1(z_1) = l \cdot f_2(z_2)\,. \qquad\qquad (14\,\text{a})$$

Wir tragen nun auf der einen Seite eines meist geradlinigen Skalenträgers die durch $x = l \cdot f_1(z_1)$, auf der anderen Seite die durch $x = l \cdot f_2(z_2)$ bestimmten Funktionsskalen von demselben Anfangspunkte aus auf. Wie aus Gleichung 14a hervorgeht, liegen alsdann sich entsprechende z_1 und z_2-Werte auf den beiden Skalen nebeneinander. Anschaulich wird uns dies sofort, wenn wir an die Wärmegradmesser denken, bei denen die Skala für Reaumurgrade in der beschriebenen Weise mit der Skala für Celsiusgrade vereinigt ist, so daß ohne weiteres die einer bestimmten in Reaumurgraden ausgedrückten Wärme entsprechenden Celsiusgrade abgelesen werden können und umgekehrt. In den meisten Fällen wird man die Gleichung 14 so umgestalten, daß sie die Form $z_1 = f(z_2)$ annimmt, wodurch an die Stelle der $f_1(z_1)$-Skala die regelmäßige z_1-Skala tritt. Je größer wir den Modul l gewählt haben, desto genauer wird natürlich die Rechentafel. Wenn wir bedenken, daß wir eine solche Skala, sobald sie zu lang wird, mehrmals abbrechen (absetzen) und die so entstehenden einzelnen Teile alsdann nebeneinander zeichnen können, so wird es auch ohne weiteres klar, daß wir mit Hilfe der vereinigten Skalen auf einem Zeichenbogen von bestimmter Größe eine viel genauere Rechentafel entwerfen können, als es mit den bisher erwähnten Verfahren möglich war. Eine weitere Steigerung der Genauigkeit gegenüber den früher beschriebenen Rechentafeln ist dadurch erreicht, daß jetzt die beiden abzulesenden Größen unmittelbar nebeneinander stehen, so daß nunmehr die Fehlerquelle ausgeschaltet ist, die in dem Übergang von der die Abhängigkeit vermittelnden Linie L zu den beiden Skalen bestand.

Dadurch, daß wir — wie auf S. 7 beschrieben — in Abb. 3 zu der $\dfrac{100\,\sqrt{R}}{m + \sqrt{R}}$-Skala die regelmäßige k-Skala hinzuzeichneten, schufen wir bereits damals eine Rechentafel mit vereinigten Skalen, welche die Beziehung

$$k = \frac{100 \cdot \sqrt{R}}{m + \sqrt{R}} \tag{II}$$

für $m = 2{,}5$ darstellt.

Ist der theoretische Zusammenhang zwischen den beiden Veränderlichen nicht bekannt, so können wir neben die eine regelmäßige Skala bildenden Werte der einen Veränderlichen z_1 die durch Beobachtung gefundenen Werte der anderen Veränderlichen z_2 vermerken und dann durch Zwischenschaltung zwischen die so aufgetragenen Werte die Lage der runden z_2-Werten entsprechenden Teilstriche bestimmen. Besser ist es, die Beobachtungswerte zuerst in ein Cartesisches Bezugsnetz einzutragen und nach Einzeichnung der ausgleichenden Linie die zur Herstellung der Doppelskala erforderlichen zusammengehörigen z_1- und z_2-Werte zu bestimmen. Gegenüber der Cartesischen Rechentafel hat die so entstandene Rechentafel mit vereinigten Skalen bei unbekanntem Zusammenhang der Veränderlichen immer noch den Vorzug größerer Handlichkeit.

Auf diese Weise ist aus der Abflußtafel (Abb. 5) die in Abb. 5a dargestellte Abflußskala hergeleitet worden. Ebenso läßt uns die in Abb. 5b gezeigte Doppelskala die durch Eichung eines Woltmanflügels gefundene Beziehung erkennen, welche zwischen Wassergeschwindigkeit und der sekundlichen Umdrehungszahl des Flügels besteht.

Sind die zwischen mehreren veränderlichen Größen $z_1, z_2, z_3 \ldots z_n$ und der Veränderlichen z_0 bestehenden Beziehungen gegeben und legen wir Wert darauf, auch die zwischen $z_1, z_2, z_3 \ldots z_n$ unter sich bestehenden Beziehungen ablesen zu können, so zeichnen wir alle Doppelskalen, welche die zwischen z_0 und z_1, z_0 und z_2 usw. bestehende Abhängigkeit darstellen, mit demselben Modul l und ordnen sie in gleicher Richtung miteinander verlaufend so an, daß die mit gleichen z_0-Werten bezifferten Teilstriche auf zu den Skalen senkrechten Geraden liegen. Alsdann liegen auch alle

l/sec. l/min
l/sec. cbm/Stde.
l/sec. cbm/Tag
l/sec. 1000 cbm/Jahr
Wasser-(Regen-)Menge auf 1 ha in l/sec
Wasserhöhe in mm bei 1 Min. Zufluß-(Regen-)Dauer
Wasser-(Regen-)Menge auf 1 ha in l/sec
Wasserhöhe in mm bei 1 Stde. Zufluß-(Regen-)Dauer
Wasser-(Regen-)Menge auf 1 ha in l/sec
Wasserhöhe in mm bei 24 Std. Zufluß-(Regen-)Dauer
mm W.S. von +4° (neue at)
mm Q.S. von 0°
alte at.
a b c d e f g

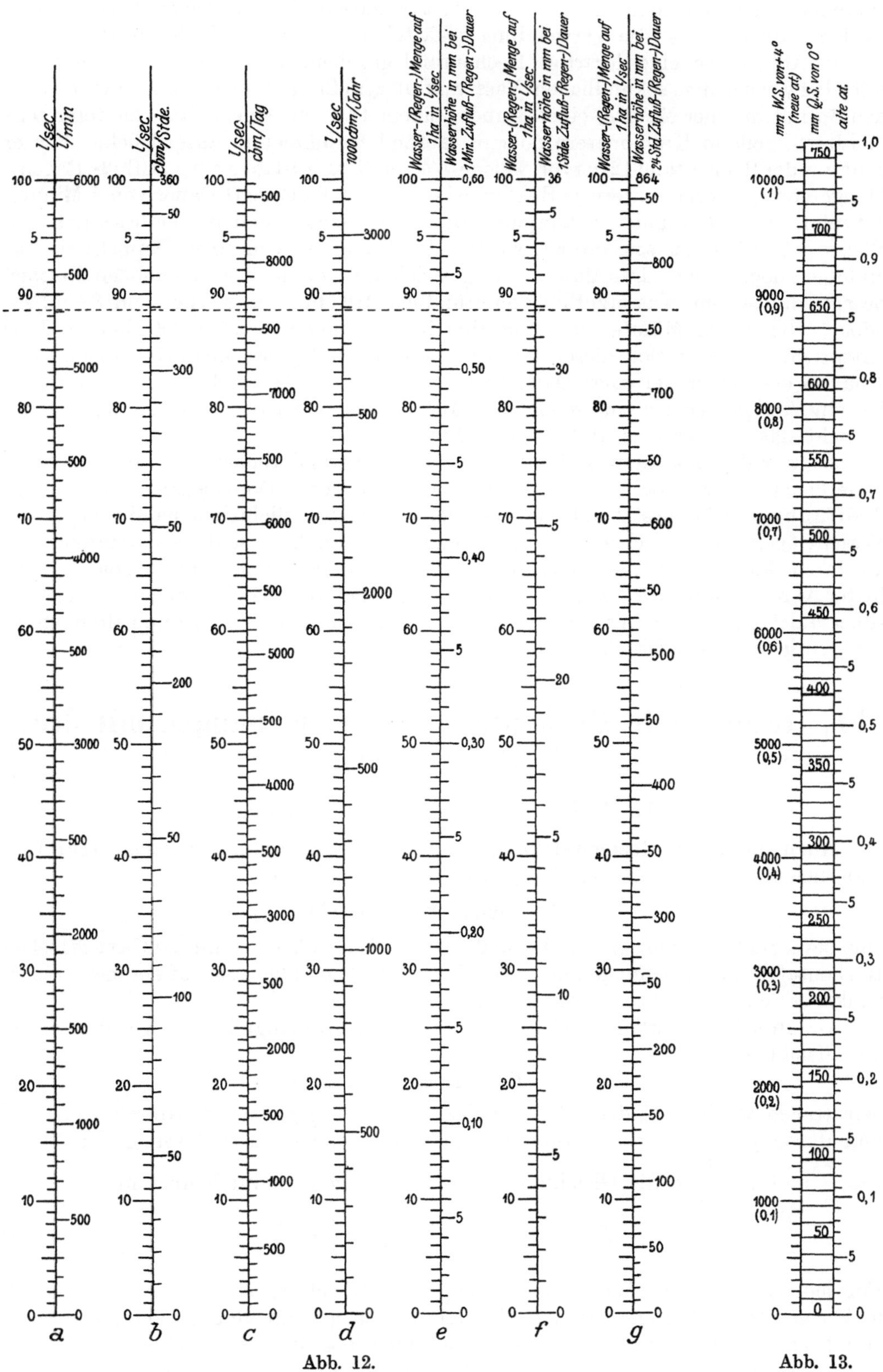

Abb. 12.

Abb. 13.

einander entsprechenden $z_1, z_2, z_3 \ldots z_n$-Werte gleichfalls auf Senkrechten zu den Skalen. Auch hier ist die Verwendung gekästelten Papiers empfehlenswert.

In Abb. 12 ist eine derartige Rechentafel gegeben, die uns die Beziehung vermittelt zwischen dem sekundlichen Wasserzufluß z_0 in Litern und dem ihm entsprechenden Zufluß in einer Minute, einer Stunde, einem Tag und einem Jahr, letzterer teils in Litern, teils in Kubikmetern oder in tausend Kubikmetern ausgedrückt. Ferner geht aus der Rechentafel 12 hervor, welche Wasser-(Regen)-Höhe einer Zufluß-(Regen)-Menge von z_0 Sekundenlitern je Hektar bei einer Zufluß-(Regen)-Dauer von 1 Minute, 1 Stunde und 24 Stunden entspricht. Die Doppelskalen sind in der beschriebenen Weise nebeneinander angeordnet, so daß der Übergang von einer Doppelskala zur anderen möglich ist. Das durch eine gestrichelte Gerade hervorgehobene Beispiel besagt, daß einem Wasserzufluß von stündlich 319 cbm, ein solcher von $88^1/_2$ l/sec oder 5310 l in der Minute, von 7650 cbm im Tag und von 2 790 000 cbm im Jahr entspricht. Verteilt sich dieser Wasserzufluß von $88^1/_2$ l/sec über eine Fläche von 1 ha, so erzeugt er bei einer Dauer von 1 Minute eine Wasserhöhe von 0,531 mm, bei einstündiger Dauer eine solche von 31,9 mm, und bei einer 24stündigen Dauer erreicht das Wasser eine Höhe von 765 mm.

Ist nur die Beziehung zwischen den beiden Veränderlichen z_1, z_2 und der Veränderlichen z_0 darzustellen, so tritt an die Stelle der n-Doppelskalen eine einzige dreifache Skala, bestehend aus zwei gleichlaufenden, dicht beieinander liegenden Skalenträgern, die zwischen sich die gemeinsame z_0-Skala einschließen, während sich an ihren Außenseiten die $f_1(z_1)$- und $f_2(z_2)$-Skalen befinden. Ein Beispiel hierfür bietet Abb. 13, in der die Beziehungen dargestellt sind, die zwischen den in mm Quecksilbersäule von $0°$, mm Wassersäule von $+ 4°$ (neuen Atmosphären) und alten Atmosphären gemessenen Drucken bestehen.

IV. Gezeichnete Rechentafeln für Gleichungen mit drei Veränderlichen.

A. Rechentafeln mit Linienkreuzung.

Auch unter den Rechentafeln, welche zur Darstellung der zwischen drei Veränderlichen bestehenden Beziehungen dienen, nehmen die

Cartesischen Rechentafeln

eine bevorzugte Stellung ein. Diese sind ebenso wie die oben erwähnten Cartesischen Rechentafeln für Gleichungen mit zwei Veränderlichen aufgebaut auf ein meist rechtwinkliges, ebenes Cartesisches Bezugsystem.

Die drei Veränderlichen seien z_1, z_2, z_3 und ihre Abhängigkeit sei gegeben durch die Gleichung

$$F(z_1, z_2, z_3) = 0. \tag{15}$$

Wir tragen wieder auf den beiden Achsen des Bezugsystems die durch $x = l_1 \cdot z_1$ und durch $y = l_2 \cdot z_2$ bestimmten regelmäßigen Skalen auf und setzen die Werte $z = \dfrac{x}{l_1}$ und $z = \dfrac{y}{l_2}$ in die Gleichung 15 ein. Diese geht dadurch über in

$$F(z_1, z_2, z_3) = F\left(\frac{x}{l_1}, \frac{y}{l_2}, z_3\right) = 0. \tag{15a}$$

Für jeden bestimmten Wert von z_3 stellt diese Gleichung eine bestimmte Linie L in dem gewählten Bezugsystem dar. Die mit den Längeneinheiten l_1 und l_2 gemessenen Bezugsgrößen der einzelnen Punkte dieser Linien ergeben die verschiedenen Wertepaare (z_1, z_2), welche bei Bestehen der Gleichung 15 zu dem entsprechenden Werte von z_3 gehören. Zeichnen wir nun diese L-Linien für innerhalb gewisser Bezirke in gleichmäßigen Abständen aufeinander folgende, runde Werte von z_3 und beziffern wir jede L-Linie mit diesem ihr zukommenden z_3-Wert, so können wir in der so entstandenen Cartesischen Rechentafel mit regelmäßigen Skalen für diese runden Werte von z_3 die entsprechenden Wertepaare (z_1, z_2) unmittelbar auf den entsprechenden Skalen ablesen. Für die dazwischen liegenden Werte von z_3 denken wir uns die entsprechenden L-Linien zwischen die gezeichneten eingeschaltet und bestimmen mit diesen gedachten Linien ebenso wie oben mit Hilfe der gezeichneten L-Linien den Wert, den die unbekannte Veränderliche annimmt, wenn außer dem z_3-Wert eine der beiden übrigen Veränderlichen gegeben ist.

Mit anderen Worten: Wir setzen in gleichmäßigen Abständen aufeinander folgende, runde z_3-Werte in die Gleichung 15 ein und zeichnen auf denselben Bogen und unter Benutzung derselben Skalen für die verschiedenen so entstehenden Gleichungen mit zwei Veränderlichen die im Hauptteil III beschriebenen Cartesischen Rechentafeln mit regelmäßigen Skalen. Auch hier empfiehlt sich die Verwendung von Millimeterpapier oder sonstigem gekästelten Papier. Ist dieses Netzpapier in einer Farbe gedruckt, von der sich die Farbe der Zeichnung gut abhebt, so wird dadurch nicht nur eine größere, im Einfarbendruck nicht erreichbare Übersichtlichkeit der Tafel erzielt, sondern es können auch engmaschige (jedoch nicht unter 1 mm Maschenbreite) Netze verwendet werden, ohne daß die Tafel an Klarheit verliert. Es sei hier bemerkt, daß in diesem Buche die „Funktionsnetze“ verhältnismäßig sehr weitmaschig gewählt wurden, um das Wesentliche der Rechentafeln besser hervortreten zu lassen. Aus demselben Grunde wurden die einzelnen Netzgeraden meist nur an ihrem einen Ende beziffert, während auf eine mehrmalige, übersichtliche Bezifferung zumal bei Tafeln größerer Ausdehnung Wert zu legen ist.

Schließlich können wir uns die Cartesischen Rechentafeln für 3 Veränderliche auch in der Weise entstanden denken, daß wir nach Wahl von drei Modeln l_1, l_2 und l_3 die sich aus den Gleichungen $x = l_1 \cdot z_1$, $y = l_2 \cdot z_2$ und $z = l_3 \cdot z_3$ ergebenden Werte für z_1, z_2 und z_3 in die Gleichung 15 einsetzen, die dadurch übergeht in

$$F\left(\frac{x}{l_1},\ \frac{y}{l_2},\ \frac{z}{l_3}\right) = 0 \, . \tag{15 b}$$

Durch diese Gleichung wird in einem räumlichen Cartesischen Bezugsystem eine Fläche bestimmt, welche durch die in gleichmäßigen Abständen aufeinander folgenden, runden z_3-Werten entsprechenden und mit der X-Y = Ebene gleichgerichteten Ebenen $z = l_3 \cdot z_3$ in Linien geschnitten wird, deren Projektion auf die X-Y = Ebene die oben beschriebene Rechentafel ergibt.

Nennen wir die den verschiedenen z_3-Werten entsprechenden gezeichneten oder auch nur gedachten L-Linien die Linienschar (z_3) und ebenso die mit der Y- bzw. X-Achse gleichgerichteten, durch die einzelnen Punkte der z_1- bzw. z_2-Skala hindurchgehenden oder hindurchgehend gedachten Geradenscharen des Bezugsnetzes die Linienscharen (z_1) bzw. (z_2), so gilt, wie ohne weiteres ersichtlich, der Satz:

Die sich in einem beliebigen Punkte der Rechentafel schneidenden Linien der Scharen (z_1), (z_2) und (z_3) gehören zu Werten der Veränderlichen z_1, z_2 und z_3, die der Gleichung 15, für welche die Rechentafel gezeichnet ist, Genüge leisten.

Dieser Satz gilt, wie wir sehen werden, nicht nur für Cartesische Rechentafeln mit regelmäßigen Skalen. Alle Rechentafeln, für die der Satz Gültigkeit hat, werden zusammengefaßt unter dem Namen Rechentafeln mit Linienkreuzung.

Obwohl es an und für sich gleichgültig ist, für welche von den 3 Veränderlichen wir die L-Linien zeichnen und für welche wir Funktionsskalen herstellen, empfiehlt es sich, die L-Linien für die in der Regel als Unbekannte auftretende Veränderliche zu zeichnen, da hierdurch der Gebrauch der Rechentafel erleichtert wird.

Als Beispiel für eine Cartesische Rechentafel mit regelmäßigen Skalen diene Abb. 14, in welcher der Zusammenhang zwischen der sekundlichen Durchflußmenge Q in Leitungen, dem Leitungsdurchmesser d und dem Leitungsgefälle J dargestellt wird, wie er durch die Dupuit - Eytelweinsche Formel

$$Q = 20\,000\,\sqrt{d^5 \cdot J} \qquad\qquad\text{(IX)}$$

zum Ausdruck kommt. Als z_3-Wert wurde der Durchmesser d gewählt, für den die L-Linien zwischen $d = 20$ cm und $d = 50$ cm in Abständen von $\varDelta d = 10$ cm, zwischen $d = 50$ cm und $d = 100$ cm dagegen in Abständen von $\varDelta d = 5$ cm gezeichnet wurden.

Wie wir bereits aus diesem Beispiel ersehen können, wird auch bei den Cartesischen Rechentafeln mit drei Veränderlichen die zwischen den Veränderlichen bestehende

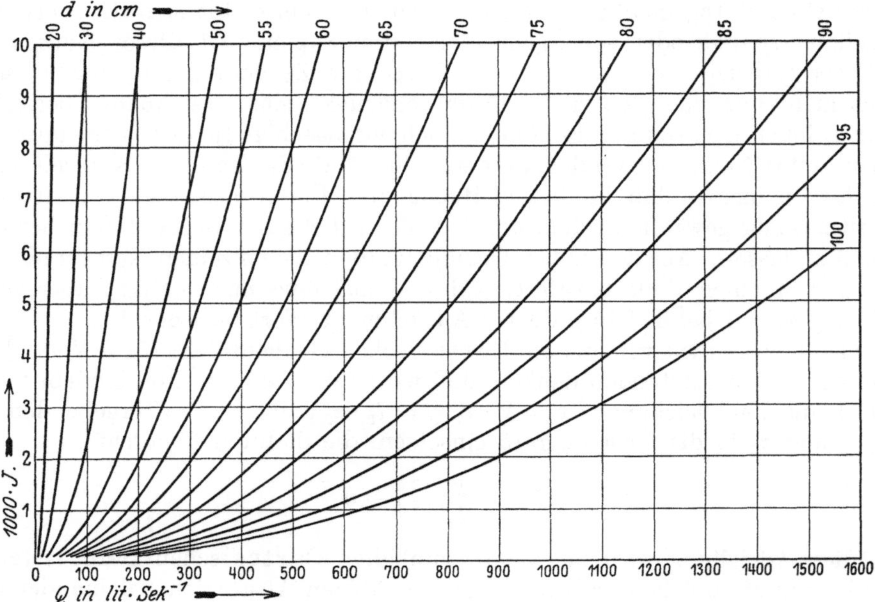

Abb. 14. Dupuit-Eytelweinsche Formel: $Q = 20\,000\,\sqrt{d^5 \cdot J}$.

Abhängigkeit mit großer Anschaulichkeit zur Darstellung gebracht. Besonders groß ist diese Anschaulichkeit, wenn die beiden Veränderlichen z_1 und z_2 zur Festlegung von Orten dienen, an denen die Veränderliche z_3 die durch die Gleichung 15 bestimmten Werte annimmt. Alsdann stellt die Rechentafel ein Abbild der Örtlichkeit dar, in welcher sich der Vorgang abspielt, und wir können an der Stelle, an der sich irgendein Punkt abbildet, ohne weiteres den Wert ablesen, den z_3 in diesem Punkte annimmt. Als Beispiel für eine derartige Rechentafel will ich hier das Ergebnis einer Untersuchung veröffentlichen über die Geschwindigkeitsverteilung in der Umgebung eines von ebener Potentialströmung umflossenen Kreiszylinders. Das Beispiel zeigt zugleich, wie der Verlauf einer mathematischen Untersuchung durch Herstellung einer gezeichneten Rechentafel günstig beeinflußt werden kann. Bei der erstmaligen Beschäftigung mit dieser Aufgabe kam ich nämlich zu einer ziemlich verwickelten Gleichung, deren Inhalt ich mir durch eine Cartesische Rechentafel klarer machen wollte. Dabei nahmen die entstehenden L-Linien (in diesem Falle Linien gleicher Geschwindigkeit) Formen an, die mich an Cassinische Kurven erinnerten. Mein Bestreben, die Gleichung $F(z_1, z_2, z_3) = 0$ auf die für Cassinische Kurven kennzeichnende Form zu bringen, war von Erfolg begleitet, und ich bekam schließlich eine sehr einfache, im Zentralblatt der Bauverwaltung, Jahrgang 1921, S. 514 veröffentlichte Ableitung, deren Ergebnis hier kurz mitgeteilt sei.

Der Halbmesser des Kreiszylinders sei r, seine Achse schneide die X-Y = Ebene im Ursprung des Bezugsystems, die Potentialströmung habe im Unendlichen die mit der X-Achse gleichgerichtete Geschwindigkeit V, v sei die Geschwindigkeit eines Wasserteilchens.

Für den Zusammenhang zwischen den örtlichen Bezugsgrößen x und y einerseits und der zugehörenden Geschwindigkeit v andererseits ergab sich mit

$$\left.\begin{array}{c} \dfrac{V^2 \cdot r^2}{V^2 - v^2} = a^2 \\[2mm] \text{und}\quad \dfrac{V^2 \cdot v^2 \cdot r^4}{(V^2 - v^2)^2} = b^4 \end{array}\right\} \quad \text{(X)}$$

die Gleichung

$$(x^2 + y^2)^2 - 2\,a^2\,(x^2 - y^2) = b^4 - a^4. \quad \text{(XI)}$$

Dies ist die Gleichung der Cassinischen Kurve. Berücksichtigen wir, daß durch $x = \pm\,a$ die Brennpunkte dieser Kurve bestimmt werden und daß für jeden Punkt der Cassinischen Kurve das Produkt seiner Abstände von diesen Brennpunkten gleich b^2 ist, so läßt sich die in Abb. 15 dargestellte Rechentafel leicht zeichnen, so lange v kleiner als V ist. Für $v > V$ wird der Abstand der Brennpunkte eine imaginäre Zahl.

Um dies zu vermeiden, können wir mit

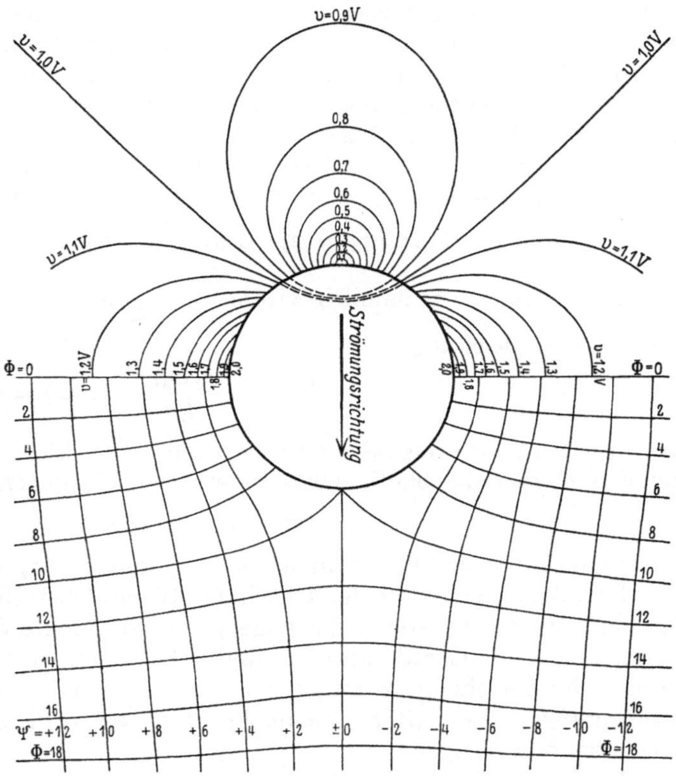

Abb. 15. Linien gleicher Geschwindigkeit v, gleichen Geschwindigkeitspotentials Φ und gleicher Stromfunktion Ψ. (Verkl. $^6/_{10}$.)

$$\frac{V^2 \cdot r^2}{v^2 - V^2} = a^2 \quad \text{und} \quad \frac{V^2 \cdot v^2 \cdot r^4}{(v^2 - V^2)^2} = b^4, \qquad \text{(X\,a)}$$

die Gleichung XI auch auf folgende Form bringen:

$$(y^2 + x^2)^2 - 2\,a^2\,(y^2 - x^2) = b^4 - a^4. \qquad \text{(12)}$$

Es sind also die in Rechentafel 15 dargestellten Linien gleicher Geschwindigkeit auch für $v > V$ leicht zu zeichnende Cassinische Kurven, nur sind jetzt die X- und Y-Achse vertauscht, so daß nunmehr die Brennpunkte durch die Gleichungen $y = +\,a$ und $y = -\,a$ dargestellt werden.

Die Linie gleicher Geschwindigkeit für $v = V$ ist eine gleichseitige Hyperbel mit der Gleichung

$$x^2 - y^2 = \frac{r^2}{2}. \qquad \text{(XIII)}$$

Sowohl die Gleichungen X wie die Gleichungen Xa ergeben als Beziehung zwischen a und b

$$b = \sqrt{\frac{v}{V}} \cdot a\,.$$

Ist $v < V$, so ist $b < a$, dagegen ist für $v > V$ auch $b > a$. Es ist eine Eigentümlichkeit der Cassinischen Kurve, daß sie im ersten Falle in zwei Teile zerfällt, während sie im letzteren Falle eine geschlossene Kurve bildet. In Rechentafel 15 sind die Linien gleicher Geschwindigkeit nur für die Umgebung der Zylinderhälfte gezeichnet, welche der Strömung zugekehrt ist. Dort dürften sie auch im Falle einer nicht vollkommenen Flüssigkeit mit der Wirklichkeit gut übereinstimmende Ergebnisse liefern. Spiegeln wir die Linien gleicher Geschwindigkeit an der Y-Achse, so erhalten wir das nur bei vollkommenen Flüssigkeiten gültige Bild der Geschwindigkeitsverteilung auf der der Strömung abgekehrten Seite. Bezüglich des unteren Teils der Rechentafel s. S. 37.

Besonders einfach gestaltet sich die Herstellung Cartesischer Rechentafeln mit regelmäßigen Skalen, wenn die Gleichung 15 die Form

$$F(z_1, z_2, z_3) = z_1 \cdot f_3(z_3) + z_2 \cdot \varphi_3(z_3) + \psi_3(z_3) = 0 \tag{16}$$

annimmt. Setzen wir nämlich wieder $z_1 = \dfrac{x}{l_1}$ und $z_2 = \dfrac{y}{l_2}$, so geht die Gleichung 16 über in die Gleichung

$$x\,\frac{f_3(z_3)}{l_1} + y\,\frac{\varphi_3(z_3)}{l_2} + \psi_3(z_3) = 0\,, \tag{16a}$$

die für jeden Wert z_3 eine Gerade als zugehörige L-Linie erkennen läßt. Insbesondere gehören hierher die häufig vorkommenden Gleichungen von der Form

$$z_3^m + a \cdot z_3^n + b = 0, \tag{17}$$

was unmittelbar erhellt, wenn wir $a = z_1$ und $b = z_2$ setzen.

Im allgemeinen Fall der Gleichung 16 muß bei Herstellung der Rechentafeln für jede einzelne Gerade L die Lage je zweier Punkte derselben berechnet werden, durch welche die Gerade alsdann hindurchgezogen wird. Oft treten jedoch Sonderformen der Gleichung 16 auf, für welche sich die Herstellung der entsprechenden Rechentafeln noch weiter vereinfacht. Mit zweien dieser Sonderformen wollen wir uns jetzt beschäftigen.

Ist $\varphi_3(z_3) = 1$ und $\psi_3(z_3) = 0$, so vereinfacht sich die Gleichung 16 zu folgender Form

$$F(z_1, z_2, z_3) = z_1 \cdot f_3(z_3) + z_2 = 0\,. \tag{18}$$

Setzen wir wieder $\dfrac{x}{l_1} = z_1$ und $\dfrac{y}{l_2} = z_2$, so geht die Gleichung über in

$$\frac{x}{l_1} \cdot f_3(z_3) + \frac{y}{l_2} = 0\,. \tag{18a}$$

Dies ist die Gleichung eines durch den Anfangspunkt des Bezugsystems gehenden Strahlenbüschels. Da demnach alle den verschiedenen z_3-Werten entsprechenden L-Geraden durch den Nullpunkt des Bezugsystems hindurchgehen müssen, ist deren Lage bestimmt, sobald wir für jede Gerade nur noch die Lage eines einzigen auf ihr liegenden Punktes errechnen.

Als Beispiel diene die Rechentafel Abb. 16. In ihr ist die Beziehung dargestellt zwischen der sekundlichen Wassermenge Q in Litern einerseits und dem bei verschiedenen Austrittsgeschwindigkeiten v erforderlichen Durchmesser d einer Rohrleitung von Kreisquerschnitt andererseits.

Diese Beziehung lautet

$$v = \frac{4 \cdot Q}{\pi \cdot d^2} \qquad\qquad\text{(XIV)}$$

oder

$$v \cdot \frac{\pi \cdot d^2}{4} - Q = 0 \, .$$

Setzen wir $v = z_1$, $\dfrac{\pi \cdot d^2}{4} = f_3(z_3)$ und $- Q = z_2$, so geht Gleichung 14 ohne weiteres in Gleichung 18 über.

Die zweite Sonderform der Gleichung 16 erhalten wir, wenn wir $f_3(z_3) = a$ und $\varphi_3(z_3) = b$ setzen, wobei a und b unveränderliche Größen sind. Gleichung 16 nimmt alsdann die Form

$$\left.\begin{aligned} F(z_1, z_2, z_3) &= a \cdot z_1 \\ + b \cdot z_2 + \psi_3(z_3) &= 0 \end{aligned}\right\} (19)$$

an. Diese Gleichung geht durch Einsetzen von $\dfrac{x}{l_1} = z_1$ und $\dfrac{y}{l_2} = z_2$ über in

$$\left.\begin{aligned} x\frac{a}{l_1} + y\frac{b}{l_2} \\ + \psi_3(z_3) = 0 \, . \end{aligned}\right\} (19\,\text{a})$$

Aus Gleichung 19a geht hervor, daß die Beziehung 19 durch eine Cartesische Rechentafel darstellbar ist, deren L-Linien gleichlaufende, gegen die X-Achse unter einem Winkel α geneigte Gerade sind. Die Größe dieses Winkels α errechnet sich aus $\operatorname{tg}\alpha = - \dfrac{a \cdot l_2}{b \cdot l_1}$.

Wir brauchen daher auch in diesem Falle für jede einem bestimmten z_3-Wert entsprechende L-Gerade nur die Lage je eines Punktes zu bestimmen und beim Zeichnen der Rechentafel durch diese Punkte die unter dem Winkel α gegen die X-Achse geneigten Geraden zu ziehen.

Selbstverständlich können Cartesische Rechentafeln für Gleichungen mit drei Veränderlichen auch dann hergestellt werden, wenn der theoretische Zusammenhang zwischen den Veränderlichen nicht bekannt ist. Das auf S. 9 u. 10 Gesagte findet alsdann sinngemäße Anwendung.

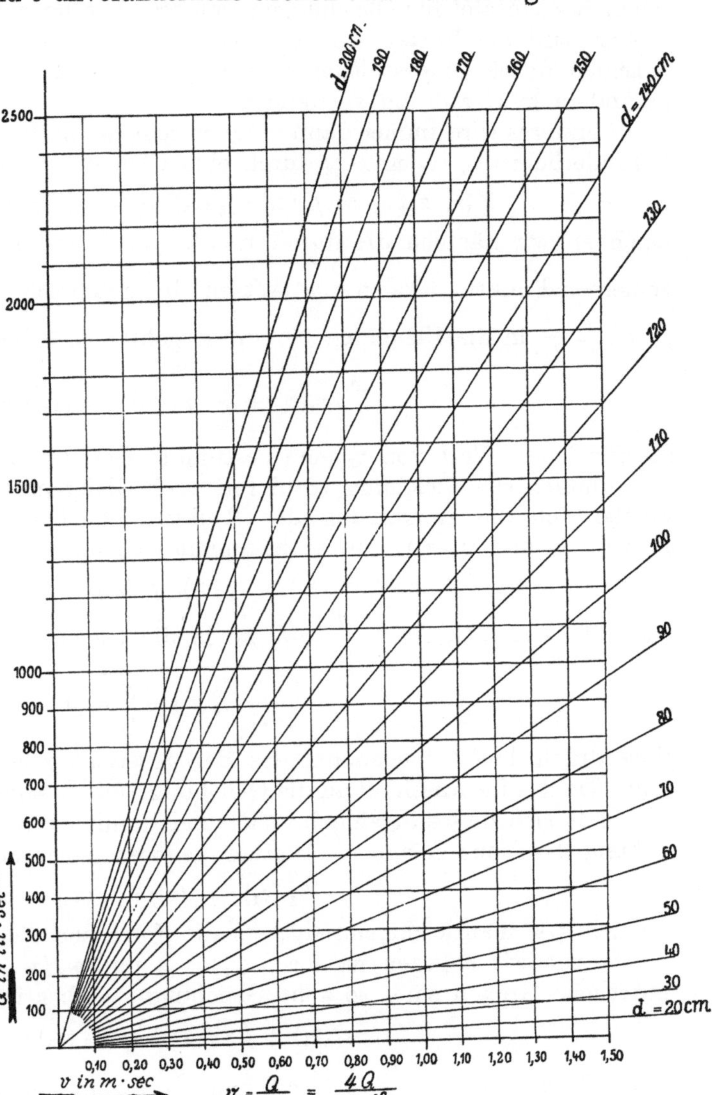

$$v = \frac{Q}{F} = \frac{4\,Q}{\pi \cdot d^2}$$

Abb. 16. Beziehung zwischen Wassermenge Q, Wassergeschwindigkeit v und Leitungsdurchmesser d.

In den Fällen, in denen es uns bei den Cartesischen Rechentafeln für zwei Veränderliche weniger auf große Anschaulichkeit in der Darstellung eines Vorgangs ankam, als vielmehr auf Einfachheit in der Herstellung eines möglichst genauen Hilfsmittels zur Lösung von Gleichungen, haben wir auf S. 10 in der Umgestaltung der Cartesischen Rechentafeln mit regelmäßigen Skalen ein geeignetes Mittel gefunden, um diesen Zweck zu erreichen. Durch die Umgestaltung wurden nämlich die L-Linien, sofern sie nicht an und für sich geradlinig verliefen, dadurch in Gerade verwandelt, daß wir die regelmäßigen längs der X- und Y-Achse aufgetragenen Skalen durch allgemeine Funktionsskalen ersetzten. Je mehr gekrümmte L-Linien bei der Herstellung einer auf regelmäßige Skalen aufgebauten Cartesischen Rechentafel für Gleichungen mit drei Veränderlichen zu zeichnen sind, desto größer wird der Vorteil sein, den wir haben, wenn es uns auch hier gelingt, den L-Linien durch Umgestaltung eine möglichst einfache Form zu geben und sie insbesondere in Gerade zu verwandeln.

Letzteres wird immer dann möglich sein, wenn die Beziehung zwischen den drei Veränderlichen z_1, z_2 und z_3 durch eine Gleichung folgender Art gegeben ist:

$$F(z_1, z_2, z_3) = f_1(z_1) \cdot f_3(z_3) + f_2(z_2) \cdot \varphi_3(z_3) + \psi_3(z_3) = 0 . \tag{20}$$

Zeichnen wir nämlich die durch $x = l_1 \cdot f_1(z_1)$ und $y = l_2 \cdot f_2(z_2)$ bestimmten allgemeinen Funktionsskalen und setzen die entsprechenden Werte $f_1(z_1) = \dfrac{x}{l_1}$ und $f_2(z_2) = \dfrac{y}{l_2}$ in die Gleichung 20 ein, so geht diese über in die Gleichung

$$\frac{x}{l_1} \cdot f_3(z_3) + \frac{y}{l_2} \cdot \varphi_3(z_3) + \psi_3(z_3) = 0 , \tag{20a}$$

die für jeden Wert von z_3 eine bestimmte Gerade darstellt.

Ähnlich wie Gleichung 16 nimmt auch Gleichung 20 oft Sonderformen an, für welche sich die Herstellung der Rechentafeln besonders einfach gestaltet. Ist $\varphi_3(z_3) = 1$ und $\psi_3(z_3) = 0$, so bekommt Gleichung 20 die Form

$$F(z_1, z_2, z_3) = f_1(z_1) \cdot f_3(z_3) + f_2(z_2) = 0, \tag{21}$$

die mit $\dfrac{x}{l_1} = f_1(z_1)$ und $\dfrac{y}{l_2} = f_2(z_2)$ in die Gleichung

$$\frac{x}{l_1} \cdot f_3(z_3) + \frac{y}{l_2} = 0 \tag{21a}$$

eines durch den Anfangspunkt des Bezugsystems gehenden Strahlenbüschels übergeht. Da das im Anschluß an die Gleichung 18a Gesagte auch für die Gleichung 21a gilt, läßt sich dieses Strahlenbüschel und damit die ganze Rechentafel für die Beziehung 21 leicht zeichnen. Hierher gehören natürlich auch Gleichungen der Art

$$\varphi_1(z_1) \cdot \varphi_2(z_2) \cdot \varphi_3(z_3) = 1, \tag{21b}$$

die sich, wie man leicht einsieht, auf die Form der Gleichung 21 bringen läßt.

Setzen wir dagegen wieder $f_3(z_3) = a$ und $\varphi_3(z_3) = b$, wobei a und b unveränderliche Größen sind, so geht Gleichung 20 über in

$$a \cdot f_1(z_1) + b \cdot f_2(z_2) + \psi_3(z_3) = 0 . \tag{22}$$

Durch Einsetzen von $\dfrac{x}{l_1} = f_1(z_1)$ und $\dfrac{y}{l_2} = f_2(z_2)$ nimmt Gleichung 22 die mit Gleichung 19a übereinstimmende Form

$$x \cdot \frac{a}{l_1} + y \frac{b}{l_2} + \psi_3(z_3) = 0 \tag{22a}$$

an. Das auf S. 29 für die Beziehung 19 Gesagte gilt also auch hier. Die Linienschar (z_3) ist leicht zu zeichnen, denn alle z_3-Linien sind gegen die X-Achse unter demselben

Winkel α geneigte Gerade. Die Größe von α errechnet sich aus $\operatorname{tg}\alpha = -\dfrac{a \cdot l_2}{b \cdot l_1}$.

Abb. 17 zeigt uns ein Beispiel für eine derartige Rechentafel. In Raummetern ausgedrückt ergibt sich die aus einer lotrechten Öffnung von rechteckigem Querschnitt und 1 m Breite austretende Wassermenge Q zu

$$Q = \tfrac{2}{3} \cdot 0{,}62 \cdot \sqrt{2g}\,(h_u^{3/2} - h_o^{3/2}) \tag{XV}$$

oder

$$Q = 1{,}82\,(h_u^{3/2} - h_o^{3/2}),$$

wenn h_u bzw. h_o die in Metern gemessene Abstände der unteren bzw. oberen wagrechten Öffnungskante vom Wasserspiegel bedeuten und der Beiwert für Ausfluß aus dünner Wand zu $\mu = 0{,}62$ angenommen wird. Dieselbe Gleichung gilt auch für ein 1 m breites Wehr von der in Abb. 17 dargestellten Form, wenn wir unter h_u und h_o

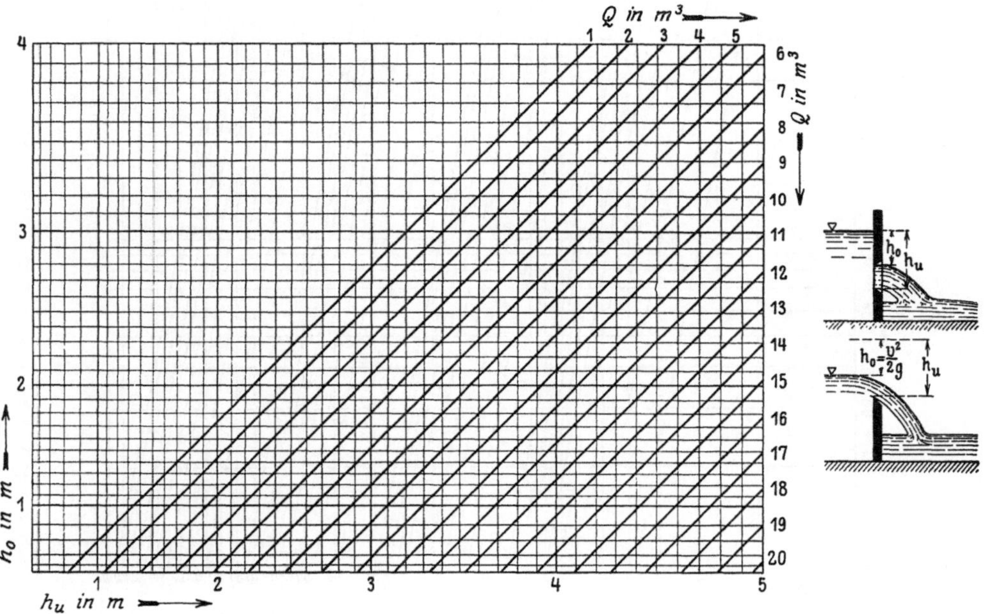

Abb. 17. Ausfluß aus rechteckiger Öffnung. Abfluß über Wehr. $Q = 1{,}82\,(h_u^{3/2} - h_o^{3/2})$. (Verkl. $^1/_2$.)

die in der Zeichnung eingetragenen Größen verstehen. Ist die Öffnungs- bzw. Wehrbreite nicht gerade 1 m, so müssen die Tafelergebnisse noch mit der in Metern gemessenen Breite b vervielfacht werden.

Schreiben wir Gleichung XV in der Form

$$1{,}82\,h_u^{3/2} - 1{,}82 \cdot h_o^{3/2} - Q = 0 \tag{XVa}$$

und setzen $l_1 = l_2 = 1{,}82$ cm; $\dfrac{x}{l_1} = \dfrac{x}{1{,}82} = h_u^{3/2}$; $\dfrac{y}{l_2} = \dfrac{y}{1{,}82} = h_o^{3/2}$, so erhalten wir als Gleichung für die Linienschar (z_3)

$$x - y - Q = 0, \tag{XVb}$$

die der Form nach mit Gleichung 22a übereinstimmt. Die z_3-Linien sind daher gleichgerichtete Geraden, die mit der X-Achse einen Winkel α einschließen, der sich aus $\operatorname{tg}\alpha = 1$ zu $45°$ errechnet.

Durch einen Kunstgriff können wir auch Gleichungen der Form

$$z_1^a \cdot z_2^b - f_3(z_3) = 0 \tag{23}$$

auf die Form 22 bringen. Durch Logarithmieren erhalten wir nämlich in

$$a \cdot \log z_1 + b \cdot \log z_2 - \log f_3 (z_3) = 0 \qquad\qquad (23\,\mathrm{a})$$

eine Gleichung, die in Gleichung 22 übergeht, wenn wir $\log z_1 = f_1 (z_1)$, $\log z_2 = f_2 (z_2)$ und $\log f_3 (z_3) = \psi_3 (z_3)$ setzen. Ein Beispiel bietet Abb. 18. In dieser Rechentafel ist die Beziehung dargestellt, welche nach Dupuit und Eytelwein zwischen der sekundlichen Durchflußmenge Q in Leitungen, dem Leitungsdurchmesser D und

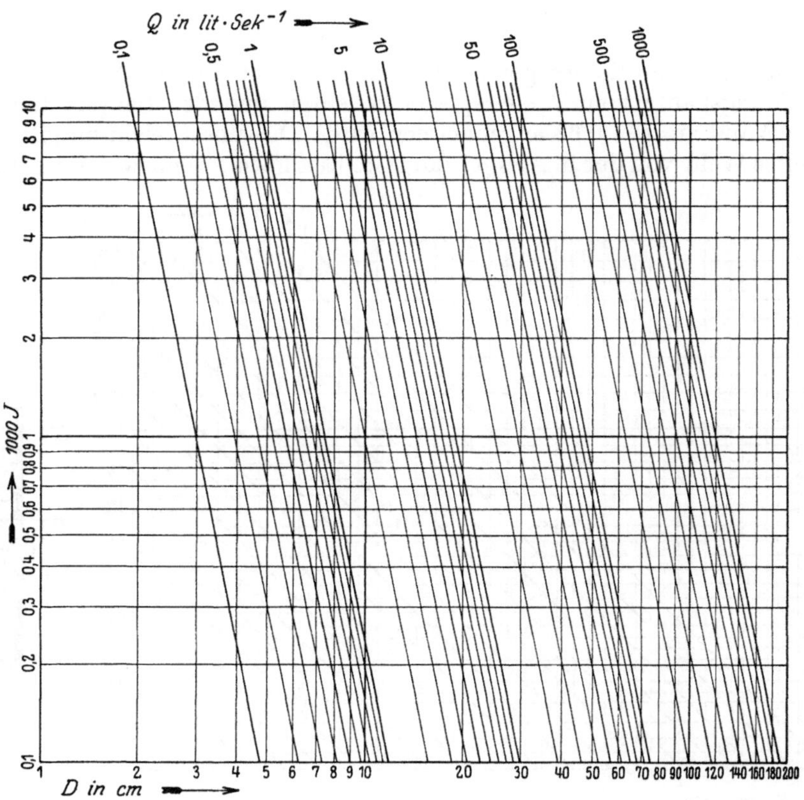

Abb. 18. Dupuit-Eytelweinsche Formel: $Q = 20\,000 \sqrt{D^5 \cdot J}$. (Verkl. $^4/_9$.)

dem Gefälle J bestehen. Messen wir Q in Sekundenlitern und D in Metern, so lautet die Dupuitsche Formel

$$Q = 20\,000 \sqrt{D^5 \cdot J}. \qquad\qquad (\mathbf{XVI})$$

Durch Logarithmieren erhalten wir

$$\frac{5}{2}\log D + \frac{1}{2}\log J - \log \frac{Q}{20\,000} = 0 . \qquad\qquad (\mathbf{XVI\,a})$$

Der Rechentafel legen wir ein doppelt logarithmisch geteiltes Netzpapier mit einem Modul $l_1 = l_2 = 100$ mm zugrunde. Setzen wir $\dfrac{x}{100} = \log D$ und $\dfrac{y}{100} = \log J$ in die Gleichung XVI a ein, so geht dieselbe über in

$$\frac{5}{2} \cdot \frac{x}{100} + \frac{1}{2} \cdot \frac{y}{100} - (\log Q - \log 20\,000) = 0 , \qquad\qquad (\mathbf{XVI\,b})$$

$$\frac{x}{40} + \frac{y}{200} - (\log Q - 4{,}3010) = 0 .$$

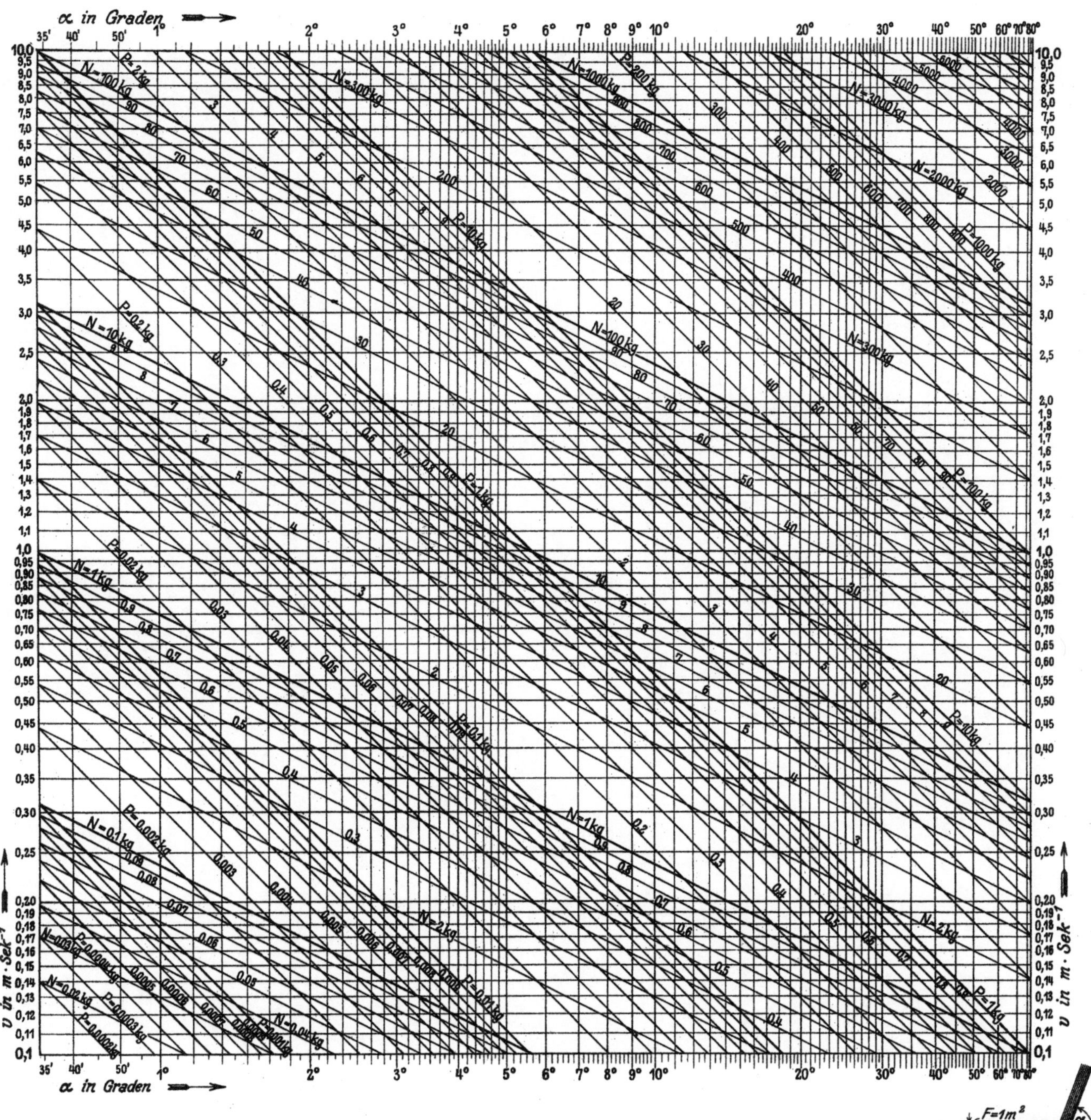

Abb. 19. (Verkl. ⁴/₁₀.) Strahldruck auf schiefe, ebene Fläche.

$$N = \frac{\gamma}{g} \cdot F \cdot v^2 \cdot \sin \alpha \qquad\qquad P = \frac{\gamma}{g} \cdot F \cdot v^2 \cdot \sin^2 \alpha$$

Diese Gleichung stellt für jeden Wert von Q eine Gerade dar. Alle diese Geraden sind gegen die X-Achse unter demselben Winkel α geneigt, dessen Tangente sich errechnet zu $\operatorname{tg} \alpha = -\dfrac{200}{40} = -5$. Gezeichnet wurde die Rechentafel für Gefälle von $J = \dfrac{1}{10\,000}$ bis $J = \dfrac{1}{100}$. Ein Vergleich dieser Rechentafel mit der dieselbe Beziehung darstellenden, in Abb. 14 veranschaulichten Cartesischen Rechentafel mit regelmäßigen Skalen, läßt uns die großen, durch Umgestaltung der Tafel gewonnenen Vorteile erkennen.

Gleichung 23 ist ein Sonderfall der Beziehung

$$[f_1(z_1)]^a \cdot [f_2(z_2)]^b - f_3(z_3) = 0 \,, \tag{24}$$

für die sich durch den gleichen Kunstgriff wie oben eine Rechentafel herstellen läßt. Durch Logarithmieren geht Gleichung 24 über in

$$a \cdot \log f_1(z_1) + b \cdot \log f_2(z_2) - \log f_3(z_3) = 0 \,. \tag{24a}$$

Tragen wir längs der X- und Y-Achse die durch $x = l_1 \cdot \log f_1(z_1)$ und durch $y = l_2 \cdot \log f_2(z_2)$ bestimmten Skalen auf und setzen wir die entsprechenden Werte für $\log f_1(z_1)$ und $\log f_2(z_2)$ in die Gleichung 24a ein, so geht diese wiederum in die Gleichung eines Büschels gleichgerichteter Strahlen über. Ist $a = b = 1$, so nimmt Gleichung 24 die Form der Gleichung 21 an, für die wir somit eine zweite, von der oben beschriebenen verschiedene Rechentafel gefunden haben.

Auch die Gleichung 21b

$$\varphi_1(z_1) \cdot \varphi_2(z_2) \cdot \varphi_3(z_3) = 1$$

läßt sich auf die Form der Gleichung 24 bringen und ist daher nach erfolgtem Logarithmieren auf eine zweite Weise der Darstellung durch ein Büschel (diesmal gleichgerichteter) Strahlen zugänglich.

Die Rechentafel für die Beziehung 24 wollen wir uns durch ein Beispiel veranschaulichen, das uns zugleich mit dem bereits auf S. 13 erwähnten Sinuslogarithmenpapier bekannt macht. Ein Wasserstrahl vom Querschnitt F und der Geschwindigkeit v übt auf eine ebene, gegen die Strahlrichtung um α° geneigte Fläche eine zur Fläche senkrechte Kraft N aus, die sich berechnet zu

$$N = \frac{\gamma}{g} \cdot F \cdot v^2 \cdot \sin \alpha \,, \tag{XVII}$$

wobei N in kg, γ in kg/m³, g in m/sec², F in m² und v in m/sec einzusetzen ist. Die in Richtung des Strahles wirkende Teilkraft ist:

$$P = N \cdot \sin \alpha = \frac{\gamma}{g} \cdot F \cdot v^2 \cdot \sin^2 \alpha \,. \tag{XVIII}$$

Die Rechentafel (Abb. 19) stellt diese Beziehung dar für den Fall, daß der Strahlquerschnitt $F = 1$ m² beträgt. Wir benutzen das von Carl Schleicher und Schüll hergestellte Sinuslogarithmenpapier, bei dem längs der X-Achse eine durch $x = l_1 \cdot \log \sin \alpha$ und längs der Y-Achse eine durch $y = l_2 \cdot \log z_2$ bestimmte Skala aufgetragen und das entsprechende Bezugsnetz dreifarbig gezeichnet ist. Dabei beträgt $l_1 = l_2 = 200$ mm. Mit $\gamma = 1000$ kg/m³, $g = 9{,}81$ m/sec² und $F = 1$ m² gehen die Gleichungen XVII und XVIII über in

$$N = 101{,}94 \cdot v^2 \cdot \sin \alpha \tag{XVIIa}$$

und

$$P = 101{,}94 \cdot v^2 \cdot \sin^2 \alpha \,. \tag{XVIIIa}$$

Durch Logarithmieren und Einsetzen von $\dfrac{x}{200} = \log \sin \alpha$ und $\dfrac{y}{200} = \log v$ erhalten wir hieraus die Gleichungen der beiden Büschel gleichgerichteter Strahlen

$$\log \frac{N}{101,94} = \log N - 2,0083 = \frac{x}{200} + \frac{y}{100} \qquad \text{(XVII b)}$$
$$x + 2\,y = 200 \cdot \log N - 401,66$$

und

$$\log \frac{P}{101,94} = \log P - 2,0083 = \frac{2x}{200} + \frac{2y}{200} \qquad \text{(XVIII b)}$$
$$x + y = 100 \cdot \log P - 200,83 \; .$$

Die Winkel, welche die beiden Scharen gleichgerichteter Geraden mit der X-Achse bilden, errechnen sich aus $\operatorname{tg} \alpha_N = -\tfrac{1}{2}$ und $\operatorname{tg} \alpha_P = -1$ zu $116°\,34'$ und $135°$.

Das auf S. 13 beschriebene Verfahren zur Geradendarstellung der Gleichung 11

$$z_1 = a \cdot z_2^n + b \cdot z_2^m$$

wollen wir hier auf den Fall anwenden, daß a und b von einer dritten Veränderlichen z_3 abhängige Größen sind. Die darzustellende Beziehung lautet also:

$$z_1 = f_3(z_3) \cdot z_2^n + \varphi_3(z_3) \cdot z_2^m. \qquad (25)$$

Teilen wir wieder durch z_2^n und setzen wir $\dfrac{z_1}{z_2^n} = z_4$, so geht Gleichung 25 über in

$$z_4 = \frac{z_1}{z_2^n} = f_3(z_3) + \varphi_3(z_3) \cdot z_2^{(m-n)}. \qquad (25\,\text{a})$$

Zeichnen wir nun längs der X- und Y-Achse die den Gleichungen $x = l_1 \cdot z_2^{m-n}$ und $y = l_2 \cdot z_4 = l_2 \cdot \dfrac{z_1}{z_2^n}$ entsprechenden Skalen und setzen wir die Werte $z_2^{m-n} = \dfrac{x}{l_1}$ und $z_4 = \dfrac{y}{l_2}$ in die Gleichung 25a ein, so erhalten wir in

$$\frac{y}{l_2} = f_3(z_3) + \varphi_3(z_3) \cdot \frac{x}{l_1} \qquad (25\,\text{b})$$

für jeden beliebigen z_3-Wert die Gleichung einer Geraden, welche uns die Beziehung zwischen z_2 und $z_4 = \dfrac{z_1}{z_2^n}$ vermittelt. Aus z_2 und z_4 können wir mittels einer Nebentafel, oder wenn $n = 1$ ist, auch im Kopfe den zu z_3 und z_2 gehörigen Wert von z_1 ermitteln. Steht in Gleichung 25 anstatt z_1 eine Funktion $f_1(z_1)$, so setzen wir $z_4 = \dfrac{f_1(z_1)}{z_2^n}$. Sonst ändert sich an dem Gesagten nichts.

„Biel“ hat für wirbelnde Flüssigkeitsströmung in Leitungen folgende Beziehung zwischen der Wassergeschwindigkeit v in m/sec, dem Gefälle J, dem Leitungsdurchmesser d in m und der Zähigkeitszahl ν in cm · sec aufgestellt:

$$1000\,J = \frac{4 \cdot v^2}{d} \left(0,12 + \frac{2 \cdot f}{\sqrt{d}} + \frac{2 \cdot b}{v \cdot \sqrt{d}} \cdot \nu \right), \qquad \text{(XIX)}$$

worin f einen Rauhigkeitsbeiwert, b einen Zähigkeitsbeiwert darstellt. Die Formel ist gültig oberhalb einer von d, ν und der Rauhigkeit der Wandung abhängigen Grenzgeschwindigkeit. Für gußeiserne Rohrleitungen sowie für glatte Betonwandungen ist $f = 0,036$, $b = 0,46$ und für Wasser von $+12°$ Celsius $\nu = 0,0124$ (s. Hütte, 21. Aufl., Bd. 1, S. 364 oder Forchheimer, „Hydraulik“ S. 53). Mit diesen Werten geht Gleichung XIX über in

$$1000\,J = v^2 \left(\frac{0,480}{d} + \frac{0,288}{d^{3/2}} \right) + \frac{0,0456}{d^{3/2}}\, v \; . \qquad \text{(XIX a)}$$

Abb. 20 stellt die Rechentafel für diese Beziehung dar. Als Modul für die v-Skala haben wir $l_1 = 50$ mm, als Modul für die $\dfrac{1000\,J}{v}$-Skala $l_2 = 10$ mm gewählt. Die Geraden sind nur im Gültigkeitsbereich der Formel XIX gezeichnet worden. Für $d = 40$ cm und $v = 2{,}2$ m/sec entnehmen wir der Tafel $\dfrac{1000\,J}{v} = 5{,}3$, woraus sich ergibt $1000\,J = 11{,}7$, während wir durch Ausrechnung der Formel XIX $1000\,J = 11{,}5$ erhalten. Die Genauigkeit der Tafel kann natürlich durch Vergrößerung des Maßstabes gesteigert werden.

Ist der theoretische Zusammenhang zwischen den Veränderlichen unbekannt, so wenden wir das auf S. 13 für die Rechentafeln mit zwei Veränderlichen Gesagte sinngemäß auf die Rechentafeln mit drei Veränderlichen an.

Steht uns zur Herstellung einer Rechentafel gewöhnliches gekästeltes Papier oder Millimeterpapier zur Verfügung, ist aber kein auf die zur Geradendarstellung erforderlichen allgemeinen Funktionsskalen aufgebautes Netzpapier vorhanden, so ist es zuweilen vorteilhaft, **Cartesische Rechentafeln mit gleichteiligen Skalen** herzustellen. Wir nehmen an, die herzustellende Rechentafel lasse eine Geradendarstellung durch Umgestaltung zu, wie es im vorhergehenden Abschnitt beschrieben wurde. Diese Umgestaltung komme dadurch zustande, daß wir längs der X- und Y-Achse die durch $x = l_1 \cdot f_1(z_1)$ und $y = l_2 \cdot f_2(z_2)$ bestimmten allgemeinen Funktionsskalen auftragen. Wir wählen nun zwei aufeinander senkrecht stehende Geraden des zur Verfügung stehenden gekästelten Papiers als X- und Y-Achse und beziffern die zu diesen beiden Achsen senkrechten, den Gleichungen $x = l_1 \cdot f_1(z_1)$ und $y = l_2 \cdot f_2(z_2)$ entsprechenden Netzlinien mit den ihnen zukommenden z_1- bzw. z_2-Werten, eine Arbeit, die nur wenig Zeit erfordert, wenn Tafeln der Funktionen $f_1(z_1)$ und $f_2(z_2)$ vorhanden sind. In der so vorbereiteten Rechentafel lassen Gleichungen von der Form 20

$$F(z_1, z_2, z_3) = f_1(z_1) \cdot f_3(z_3) + f_2(z_2) \cdot \varphi_3(z_3) + \psi_3(z_3) = 0$$

eine Geradendarstellung zu, denn durch Einsetzen von $f_1(z_1) = \dfrac{x}{l_1}$ und $f_2(z_2) = \dfrac{y}{l_2}$ geht Gleichung 20 in die gerade Linien kennzeichnende Gleichung 20a über, wie wir auf S. 30 gesehen haben. Ordnen wir die den verschiedenen Netzlinien entsprechenden z_1- bzw. z_2-Werte längs der X- bzw. Y-Achse an, so treten an die Stelle der im vorigen Abschnitt verwendeten allgemeinen Funktionsskalen jetzt gleichteilige

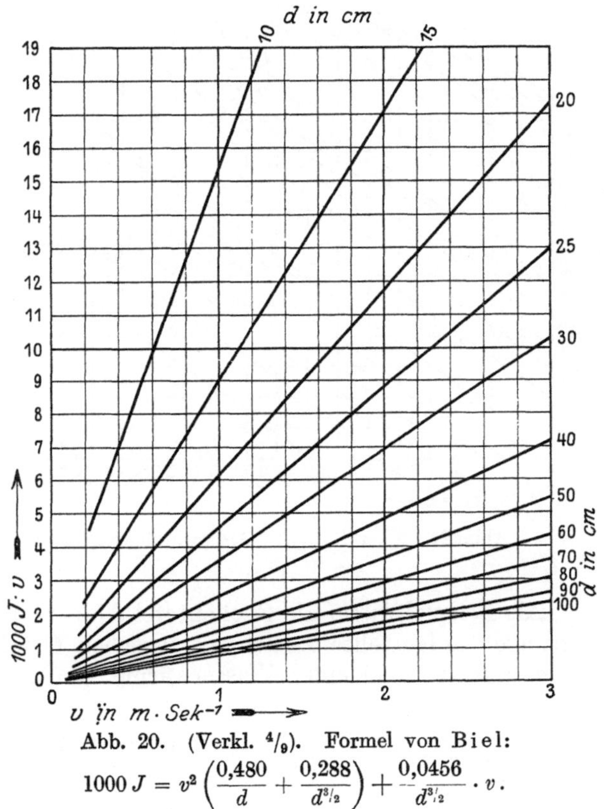

Abb. 20. (Verkl. $^4/_9$). Formel von Biel:
$$1000\,J = v^2 \left(\frac{0{,}480}{d} + \frac{0{,}288}{d^{3/2}} \right) + \frac{0{,}0456}{d^{3/2}} \cdot v.$$

Skalen von der auf S. 4 erwähnten Art. Die Rechentafeln mit gleichteiligen Skalen sind, wenn kein auf allgemeine Funktionsskalen aufgebautes Bezugsnetz fertig vorliegt, zuweilen schneller anzufertigen als die Rechentafeln mit allgemeinen Skalen, denen gegenüber sie jedoch den Nachteil haben, daß sie im Gebrauch wegen der schwierigen Zwischenschaltung unbequemer sind.

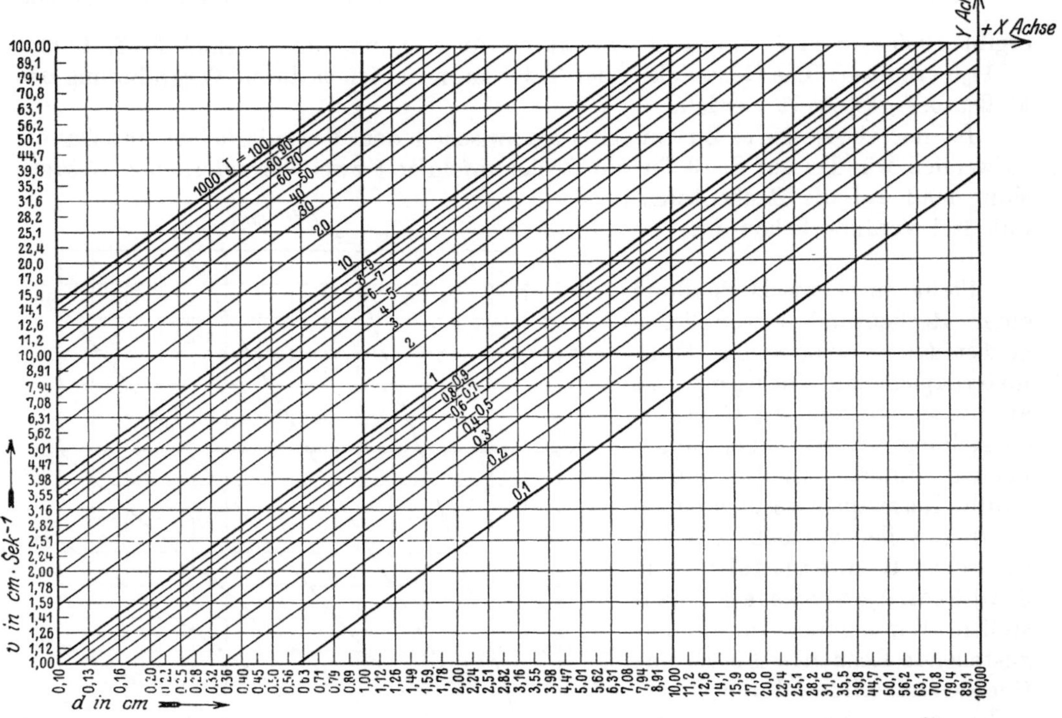

Abb. 21. (Verkl. $^4/_{10}$.) Geschwindigkeitsformel von Blasius: $1000\,J = 0{,}528\,\dfrac{v^{7/4}}{d^{5/4}}$.

Als Beispiel diene die Rechentafel Abb. 21 für die von Blasius für sehr glatte Leitungen aufgestellte Beziehung zwischen Gefälle J, Rohrdurchmesser d und Geschwindigkeit v bei einer Wasserwärme von 15° Celsius. Diese Beziehung lautet:

$$1000\,J = 0{,}528\,\frac{v^{7/4}}{d^{5/4}}. \tag{XX}$$

Durch Logarithmieren bringen wir diese Gleichung auf die Form der Gleichung 24a, die eine Geradendarstellung zuläßt, und erhalten

$$\frac{7}{4}\cdot\log v - \frac{5}{4}\cdot\log d + \log\frac{0{,}528}{1000\,J} = 0. \tag{XXa}$$

Wir wählen $l_1 = l_2 = 106$ mm. In dieser Länge ist die Seitenlänge des einzelnen „Kästchens" zehnmal enthalten. Setzen wir $x = 106\cdot\log d$ und $y = 106\cdot\log v$ in Gleichung XXa ein, so geht diese über in

$$\frac{7\cdot y}{4\cdot 106} - \frac{5\cdot x}{4\cdot 106} + \log\frac{0{,}528}{1000\,J} = 0 \tag{XXb}$$

oder

$$\frac{7}{424}\,y - \frac{5}{424}\,x + \log\frac{0{,}528}{1000\,J} = 0,$$

eine Gleichung, die in dem gewählten Bezugsystem für jeden Wert von J eine Gerade darstellt, deren Neigung α gegen die X-Achse sich aus $\operatorname{tg} \alpha = \frac{5}{7}$ errechnen läßt. Die den einzelnen Netzlinien beigeschriebenen, sich aus $\log d = \frac{x}{106}$ und $\log v = \frac{y}{106}$ errechnenden Werte von d und v, welche die gleichteiligen Skalen bilden, wurden mühelos einer Logarithmentafel entnommen. Da wir die gleichteilige Skala so eingerichtet haben, daß die dem $\log 10 = 1$ entsprechende Modullänge in 20 gleiche Teile zerfällt, so brauchen wir nur die 20 zu den Logarithmen $\frac{1}{20} = 0,05$; $\frac{2}{20} = 0,10$; $\frac{3}{20} = 0,15 \ldots \frac{19}{20} = 0,95$ und $\frac{20}{20} = 1,00$ gehörigen Numeri aufzuschlagen und vervielfacht mit der jeweils richtigen Potenz von 10 an die Skalenteilpunkte anzuschreiben.

Sind die zwischen n veränderlichen Größen und denselben zwei unabhängigen Veränderlichen bestehenden Beziehungen etwa in Gestalt von n Gleichungen

$$\left.\begin{aligned} z_1 &= f_1\,(z',\,z'') \\ z_2 &= f_2\,(z',\,z'') \\ z_3 &= f_3\,(z',\,z'') \\ &\;\;\vdots \\ z_n &= f_n\,(z',\,z'') \end{aligned}\right\} \tag{26}$$

gegeben, so können wir — ähnlich wie es auf S. 16 geschehen ist — anstatt n verschiedene Rechentafeln zu zeichnen, diese zu einer einzigen vereinigen. Zu dem Zwecke tragen wir längs der X- und Y-Achse die z' bzw. $f\,(z')$ und z'' bzw. $f\,(z'')$ entsprechenden Skalen auf und zeichnen in das zugehörige Bezugsnetz die runden Werten von $z_1,\,z_2,\,z_3 \ldots z_n$ entsprechenden n Linienscharen ein, die wir wiederum mit den ihnen zukommenden z-Werten beziffern.

So haben wir in Abb. 15 unten die Rechentafeln für die einer ebenen Potentialströmung um einen Kreiszylinder entsprechenden Werte des Geschwindigkeitspotentials Φ und der Stromfunktion Ψ zu einer einzigen Tafel vereinigt. Die beiden unabhängigen Veränderlichen sind die den Ort bestimmenden Bezugsgrößen x und y. Mit diesen sind die Größen Φ und Ψ verbunden durch die Gleichungen

$$\Phi = x \left(V + \frac{V \cdot r^2}{x^2 + y^2} \right) \tag{XXI}$$

und

$$\Psi = y \left(V - \frac{V \cdot r^2}{x^2 + y^2} \right). \tag{XXII}$$

In unserem Beispiel ist die mit der X-Achse gleichgerichtete Geschwindigkeit im Unendlichen $V = 1\,\mathrm{cm/sec}$, der Radius des Kreiszylinders ist $r = 5\,\mathrm{cm}$, und die aus der Rechentafel zu entnehmenden Werte von Φ und Ψ haben die Dimensionen $\mathrm{cm^2/sec}$.

Ebenso wie bei den Cartesischen Rechentafeln für Gleichungen mit zwei Veränderlichen können wir uns bei den die Beziehung zwischen drei Unbekannten darstellenden Rechentafeln vom Zeichnen des Bezugsnetzes dadurch freimachen, daß wir die auf S. 16 beschriebene bewegliche Ablesevorrichtung benutzen. Da dieser jedoch auch hier wegen ihrer Umständlichkeit im Gebrauch eine nur geringe Bedeutung zukommt, sei nicht näher auf sie eingegangen.

Verwenden wir wieder an Stelle des Cartesischen Bezugsystems ein polares Bezugsystem, so erhalten wir eine **polare Rechentafel** für Gleichungen mit drei

Veränderlichen. Für sie findet das auf S. 17 für Rechentafeln mit zwei Veränderlichen Gesagte sinngemäße Anwendung. Die darzustellende Beziehung sei gegeben durch

$$f(z_1, z_2, z_3) = 0 \,. \tag{27}$$

Bezeichnen wir wiederum den Leitstrahl mit r, den Polarwinkel mit ω und tragen wir längs eines Leitstrahls die durch $r = l_1 \cdot z_1$ und auf einem Kreise um den Anfangspunkt die durch $\omega = l_2 \cdot z_2$ bestimmten Skalen auf, so entspricht in dem so festgelegten Bezugsystem, dessen Gebrauch wir durch Zeichnen des Bezugsnetzes erleichtern, jedem z_3-Wert eine durch die Gleichung

$$f\left(\frac{r}{l_1}, \frac{\omega}{l_2}, z_3\right) = 0 \tag{27a}$$

bestimmte L-Linie. Die Gesamtheit der L-Linien, welche runden, in gleichen Abständen aufeinander folgenden z_3-Werten entsprechen, ergibt zusammen mit dem Bezugsnetz die polare Rechentafel für die Gleichung 27. Bei Verwendung der Papiere mit aufgedrucktem polaren Bezugsnetz entfällt die auf das Zeichnen des Bezugsnetzes aufzuwendende Arbeit. Die Form der L-Linien kann auch hier zuweilen günstig beeinflußt werden, wenn wir an die Stelle der regelmäßigen Skalen allgemeine, durch $r = l_1 \cdot f_1(z_1)$ und $\omega = l_2 \cdot f_2(z_2)$ bestimmte Funktionsskalen setzen. Indessen sei darauf hingewiesen, daß der Ersatz der regelmäßigen Skala $\omega = l_2 \cdot z_2$ durch eine allgemeine Funktionsskala die Anschaulichkeit der Tafel meist beeinträchtigt.

Je mehr L-Linien in einer polaren Rechentafel vorhanden sind, desto mehr empfiehlt es sich, deren Übersichtlichkeit dadurch zu erhöhen, daß wir das Bezugsnetz durch eine bewegliche Ablesevorrichtung ersetzen. Da wir eine solche bewegliche Ablesevorrichtung auf S. 18 beschrieben haben, können wir uns hier auf die Anführung eines Beispiels beschränken.

Zeuner hat für den Ausflußbeiwert μ bei Strömung von Wasser durch konische, an einer ebenen Wand angebrachte Ansatzstutzen folgende Formel aufgestellt:

$$\mu = 0{,}6385 + 0{,}2121 \cos^3 \delta/2 + 0{,}1065 \cos^4 \delta/2 \,. \tag{XXIII}$$

Der Winkel δ gibt ein Maß für die Verjüngung des Stutzens ab, die Art seiner Messung ist aus Abb. 22 ersichtlich. Der sekundliche Ausfluß Q aus einem derartigen konischen Ansatzstutzen vom Querschnitt F beträgt bei einer Druckhöhe von h Metern

$$Q = (0{,}6385 + 0{,}2121 \cos^3 \delta/2 + 0{,}1065 \cos^4 \delta/2) \cdot F \cdot \sqrt{2 \cdot g \cdot h} \,. \tag{XXIIIa}$$

Für den Bereich von $h = 0{,}10$ m bis $h = 1$ m und den Querschnitt $F = 10$ cm² ist in Abb. 22 die der Beziehung XXIIIa entsprechende polare Rechentafel mit beweglicher Ablesevorrichtung dargestellt worden. Für die verschiedenen von 10 zu 10 cm wachsenden h-Werte wurden L-Linien gezeichnet; die Skala der sekundlich ausfließenden Wassermengen wurde auf der drehbaren Zunge, die Skala der δ-Werte längs eines Kreises um den Anfangspunkt aufgetragen.

Ehe wir zu den auf Dreieckbezugsystemen aufgebauten

Dreieckrechentafeln

übergehen, müssen wir uns an Hand der Abb. 23 über einen Satz der ebenen Geometrie Klarheit verschaffen. Ziehen wir nämlich durch einen beliebigen, zunächst im Innern eines gleichseitigen Dreiecks gelegenen Punkt P Parallele zu den drei Dreieckseiten, so entstehen drei neue, in der Abb. 23 schraffierte, gleichseitige Dreiecke, und wir können unmittelbar aus der Abbildung ersehen, daß die Summe der Seiten dieser Dreiecke gleich der Seite des Ausgangsdreiecks ist, woraus folgt, daß auch die Summe der drei in der Abbildung gestrichelt gezeichneten Höhen gleich ist der Höhe des ursprünglichen Dreiecks. Genau dasselbe läßt sich auf dieselbe Weise für Punkte P beweisen, die außerhalb des Ausgangsdreiecks liegen, sofern wir nur den Loten das positive bzw. negative Vorzeichen geben, je nachdem der Punkt P bezüglich

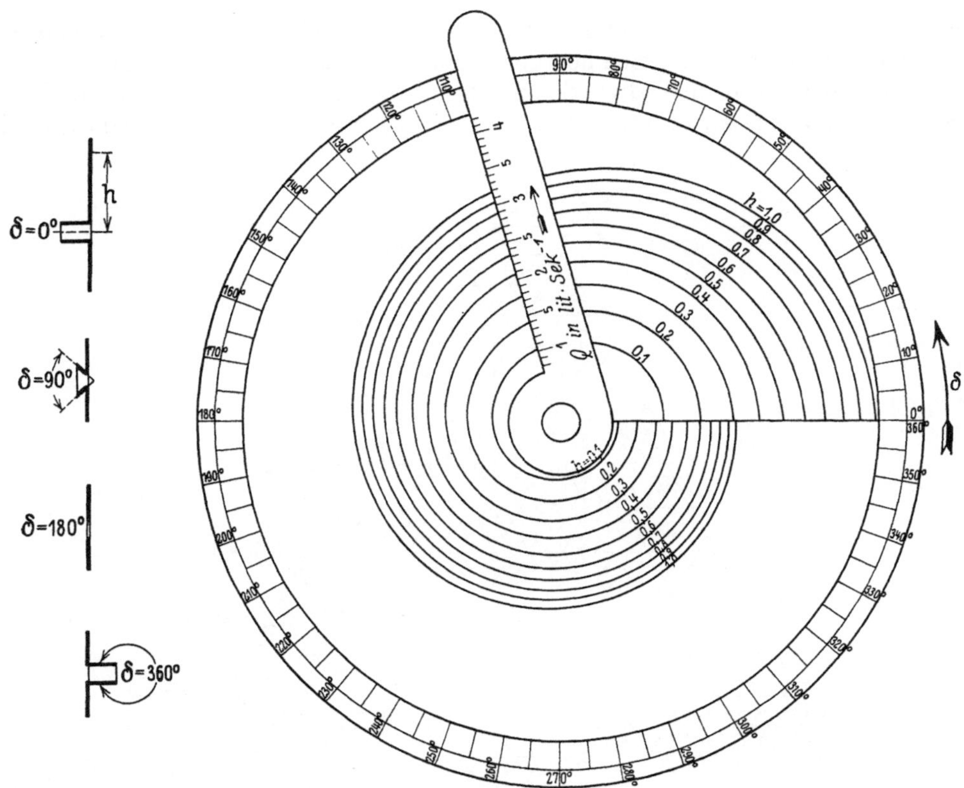

Abb. 22. Ausfluß aus Ansatzstutzen nach Zeuner:
$$Q = (0{,}6385 + 0{,}2121 \cos^3 \delta/2 + 0{,}1065 \cos^4 \delta/2) \cdot F \cdot \sqrt{2 \cdot g \cdot h}\,.$$

der für das betreffende Lot in Betracht kommenden Dreieckseite auf derselben bzw. entgegengesetzten Seite wie das Dreieck selbst liegt. Der so gewonnene Satz lautet daher in seiner allgemeinen Fassung:

Fällen wir von einem beliebigen in der Ebene eines gleichseitigen Dreiecks gelegenen Punkte auf die drei Dreieckseiten die Lote u, v und w, so ist bei Berücksichtigung der Vorzeichen die Summe der Längen dieser Lote gleich der Höhe h des Dreiecks[1]) oder

$$u + v + w = h\,. \qquad (28)$$

Ist nun die durch eine Rechentafel darzustellende Beziehung zwischen den drei Veränderlichen z_1, z_2 und z_3 in Form der Gleichung

$$z_1 + z_2 + z_3 = C \qquad (29)$$

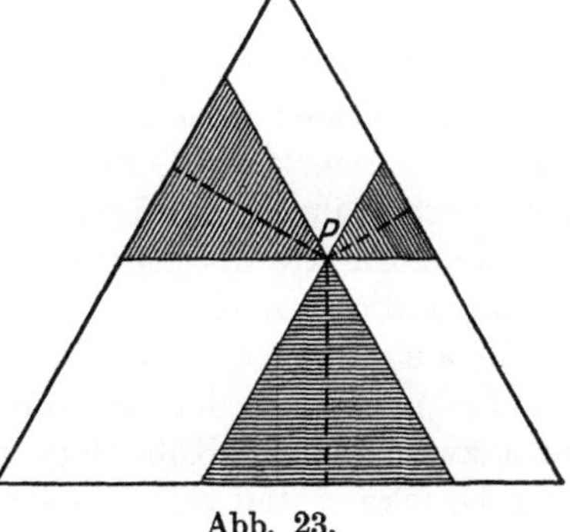

Abb. 23.

[1]) Ich verdanke obigen Beweis, der sich vor anderen durch seine große Anschaulichkeit auszeichnet, einer freundlichen Mitteilung des Herrn Prof. Dr. von Hammer.

gegeben und vervielfachen wir beide Seiten der Gleichung 29 mit dem passend ge-
wählten Modul l, so geht sie mit $u = l \cdot z_1$, $v = l \cdot z_2$, $w = l \cdot z_3$ über in die der Form
nach mit Gleichung 28 übereinstimmende Gleichung

$$u + v + w = l \cdot C. \tag{29a}$$

Zeichnen wir daher ein gleichseitiges Dreieck mit der Höhe $h = l \cdot C$, so geben uns
die mit dem Modul l als Längeneinheit gemessenen Abstände eines beliebigen Punktes
der Dreiecksebene von den drei Seiten des Dreiecks bei Berücksichtigung der
Vorzeichen die Werte z_1, z_2 und z_3 an, die der Gleichung 29 genügen. Um die Ab-

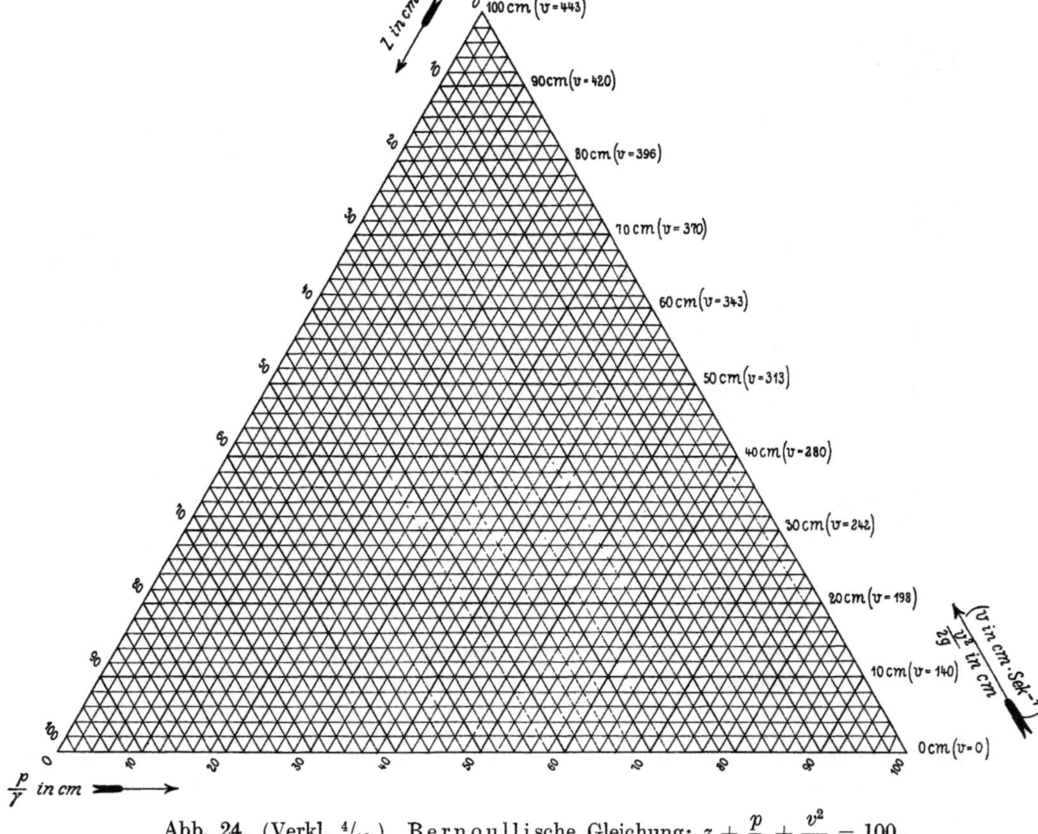

Abb. 24. (Verkl. $^4/_{10}$.) Bernoullische Gleichung: $z + \dfrac{p}{\gamma} + \dfrac{v^2}{2g} = 100$.

stände schnell bestimmen zu können, ziehen wir — wie es in Abb. 24 für das Innere
des gleichseitigen Dreiecks geschehen ist — in gleichmäßig zunehmenden Abständen
von den Dreieckseiten mit diesen gleichgerichtete Gerade und beziffern sie mit
den Werten ihrer mit dem Modul l gemessenen Abstände von den Dreieckseiten.
In jedem Punkte der Ebene kreuzen sich alsdann drei tatsächlich gezeichnete, oder
zwischen die gezeichneten eingeschaltet gedachte Gerade, deren Bezifferung uns
die Größen z_1, z_2 und z_3 erkennen läßt, welche der Gleichung 29 genügen.

Bei einer von der Zeit unabhängigen Strömung vollkommener Flüssigkeit besteht zwischen der Höhenlage z über einer beliebigen, wagerechten Ausgangsebene,
dem Drucke p und der Geschwindigkeit v eines beliebigen Flüssigkeitsteilchens die
als Bernoullische Gleichung bekannte Beziehung

$$z + \frac{p}{\gamma} + \frac{v^2}{2g} = C, \tag{XXIV}$$

worin C eine, bei dem ins Auge gefaßten Strömungsvorgang gleichbleibende Größe ist. Die drei Glieder der linken Seite stellen sämtlich Längenwerte dar und werden auch Höhe H, Druckhöhe D und Geschwindigkeitshöhe G genannt. Mit diesen Bezeichnungen lautet Gleichung XXIV:

$$H + D + G = C \, . \qquad\qquad \text{(XXIV a)}$$

In Abb. 24 wurde die Rechentafel für diese Beziehung entworfen, dabei wurde $C = 100$ gesetzt, und der Modul l zu 2,5 mm gewählt. Neben die eine regelmäßige Skala

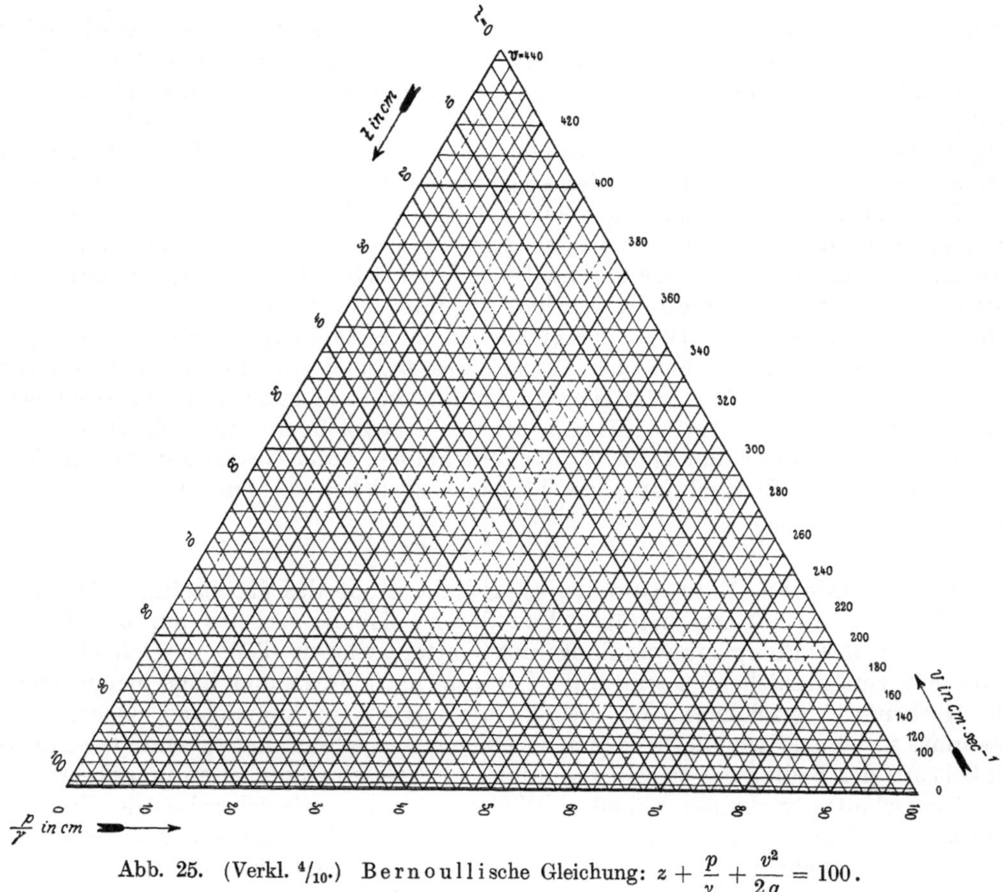

Abb. 25. (Verkl. $^4/_{10}$.) Bernoullische Gleichung: $z + \dfrac{p}{\gamma} + \dfrac{v^2}{2g} = 100$.

darstellenden Werte der Geschwindigkeitshöhen wurden in Klammern die entsprechenden Werte der Geschwindigkeiten selbst vermerkt; diese bilden eine gleichteilige Skala und lassen daher eine Zwischenschaltung nur verhältnismäßig schwer zu. Wollen wir daher der Tafel nicht die Geschwindigkeitshöhen, sondern die Geschwindigkeiten selbst schnell entnehmen, so müssen wir sie in der aus Abb. 25 ersichtlichen Weise umgestalten. In dieser Rechentafel wurden die zum Ablesen der v-Werte bestimmten Geraden nicht in gleichmäßigen Abständen gezeichnet, vielmehr bestimmte sich ihr Abstand w von der mit $v = 0$ bezifferten Geraden dadurch, daß in die Gleichung $w = \dfrac{v^2}{2g} \cdot l$ für v runde, in gleichmäßigen Abständen aufeinander folgende Werte eingesetzt wurden. Errichten wir daher auf der mit $v = 0$ bezifferten Dreieckseite ein Lot, so wird dieses von den übrigen Linien gleicher v-Werte in Punkten geschnitten, die eine allgemeine durch $w = \dfrac{v^2}{2g} \cdot l$ festgelegte Funktionsskala bilden. Dies weist uns den Weg, um auch Gleichungen der Form

$$f_1(z_1) + f_2(z_2) + f_3(z_3) = C \tag{30}$$

durch Dreieckrechentafeln darstellen zu können. Schreiben wir nämlich wieder

$$l \cdot f_1(z_1) + l \cdot f_2(z_2) + l \cdot f_3(z_3) = l \cdot C \tag{30a}$$

und setzen wir $u = l \cdot f_1(z_1)$, $v = l \cdot f_2(z_2)$ und $w = l \cdot f_3(z_3)$, so geht Gleichung 30 über in

$$u + v + w = l \cdot C . \tag{30b}$$

Zwecks Herstellung einer Dreieckrechentafel für die Beziehung 30 haben wir daher ein gleichseitiges Dreieck von der Höhe $l \cdot C$ zu zeichnen, auf den Dreieckseiten Lote zu errichten, auf diesen Loten von ihren Schnittpunkten mit den Dreieckseiten als Nullpunkten aus die durch $u = l \cdot f_1(z_1)$, $v = l \cdot f_2(z_2)$ und $w = l \cdot f_3(z_3)$ bestimmten allgemeinen Funktionsskalen aufzutragen und endlich durch die Teilpunkte dieser Skalen Gerade zu ziehen, die mit den zugehörigen Dreieckseiten gleichgerichtet sind.

Das Verfahren ist bisher hauptsächlich von Chemikern zur zeichnerischen Darstellung der Konzentrationsverhältnisse dreier Stoffe verwandt worden. Für diese Zwecke sind auch von der Firma Carl Schleicher und Schüll Papiere mit aufgedruckten Dreiecksbezugsnetzen hergestellt worden, die ihrer Form nach mit dem Netz der Abb. 24 übereinstimmen. Diese Tafeln können auch dem Ingenieur bisweilen wertvolle Dienste leisten. So habe ich als weiteres Beispiel eine Rechentafel von Art der in Abb. 24 dargestellten dazu benutzt, um für ein Rohr mit veränderlichem Querschnitt eine „Energieumwandlungskurve“ zu zeichnen. In Abb. 26 ist dies geschehen. Die Summe der Höhe H, der Druckhöhe D und Geschwindigkeitshöhe G beträgt in diesem Beispiel für jedes Flüssigkeitsteilchen 274 cm. Die dargestellte Gleichung lautet also

$$H + D + G = 274 .$$

Als Modul wurde $l = 1$ mm gewählt, so daß die Höhe des gleichseitigen Dreiecks $h = 274 \cdot 1$ mm $= 274$ mm beträgt. Von diesem Dreieck wurden nur die für die Darstellung der Energieumwandlungskurve erforderlichen Teile gezeichnet. Das Rohr mit veränderlichem Querschnitt F wurde nach Form und Lage genau neben die Rechentafel gezeichnet. Ist die Geschwindigkeit in irgendeinem Querschnitt bekannt, so können wir die in einem beliebigen Querschnitt herrschende Geschwindigkeit aus der Bedingung errechnen, daß sich die Geschwindigkeiten umgekehrt wie die Querschnitte verhalten müssen. Wollen wir nun beispielsweise die Energieumwandlungskurve für die sich längs der Rohrachse bewegenden Wasserteilchen zeichnen, so errechnen wir für einen in der Höhe H befindlichen Punkt die diesem entsprechende Geschwindigkeitshöhe G und merken uns in der Rechentafel den Schnittpunkt, der mit den Werten H und G bezifferten Geraden. Die Bezifferung der dritten durch diesen Schnittpunkt hindurchgehenden Geraden läßt uns den zugehörigen Wert der Druckhöhe D erkennen. Bestimmen wir so für verschieden hoch gelegene Punkte der Rohrachse die entsprechenden Punkte der Rechentafel und verbinden wir diese durch eine glatt verlaufende Linie, so erhalten wir die in Abb. 26 dargestellte Energieumwandlungskurve.

Die Form der Gleichung 28

$$u + v + w = h$$

veranlaßte mich, auch für Gleichungen der Form

$$f_1(z_1) \cdot f_2(z_2) \cdot f_3(z_3) = C , \tag{31}$$

bzw. der Sonderform

$$z_1 \cdot z_2 \cdot z_3 = C \tag{31a}$$

Dreieckrechentafeln herzustellen[1]). Wie bereits früher, erhalten wir durch Logarithmieren der Gleichung 31

$$\log f_1(z_1) + \log f_2(z_2) + \log f_3(z_3) = \log C \,. \tag{31b}$$

Durch Multiplizieren mit dem Modul l geht diese Gleichung über in

$$l \cdot \log f_1(z_1) + l \cdot \log f_2(z_2) + l \cdot \log f_3(z_3) = l \cdot \log C \,. \tag{31c}$$

Setzen wir $u = l \cdot \log f_1(z_1)$, $v = l \cdot \log f_2(z_2)$ und $w = l \cdot \log f_3(z_3)$, so bekommt die Gleichung 31c die mit Gleichung 28 übereinstimmende Form

$$u + v + w = l \cdot \log C \,. \tag{31d}$$

Wir erhalten demnach die gewünschte Dreieckrechentafel, indem wir auf den drei Seiten des mit der Höhe $h = l \cdot \log C$ gezeichneten gleichseitigen Dreiecks Lote er-

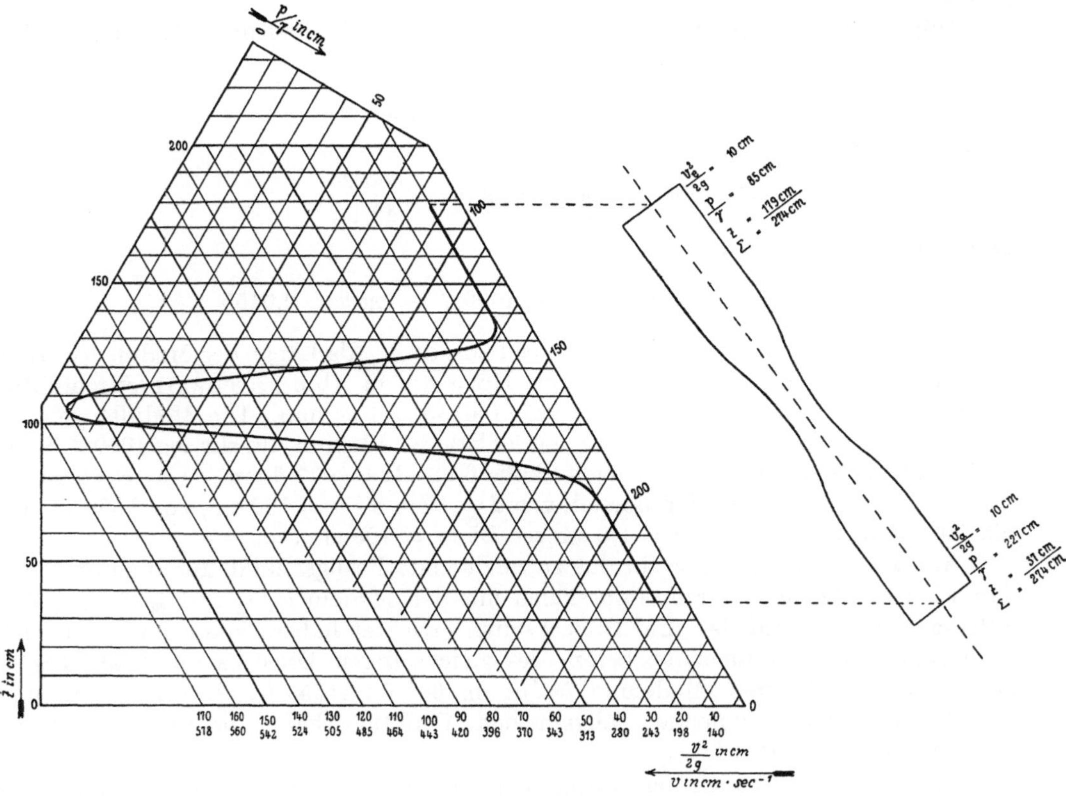

Abb. 26. (Verkl. $^3/_8$.) Energieumwandlungskurve.

richten, die mit den durch $u = l \cdot \log f_1(z_1)$, $v = l \cdot \log f_2(z_2)$ und $w = l \cdot \log f_3(z_3)$ bestimmten Skalen versehen sind, und indem wir durch die Teilpunkte dieser Skalen mit den entsprechenden Dreieckseiten gleichgerichtete Gerade ziehen. Die Nullpunkte der Skalen müssen natürlich wie oben in den Lotfußpunkten liegen.

Hat die darzustellende Gleichung die allgemeinere Form

$$[f_1(z_1)]^p \cdot [f_2(z_2)]^q \cdot [f_3(z_3)]^r = C \,, \tag{32}$$

so erhalten wir an Stelle der Gleichung 31c in

$$p \cdot l \cdot \log f_1(z_1) + q \cdot l \cdot \log f_2(z_2) + r \cdot l \cdot \log f_3(z_3) = l \cdot \log C \tag{32a}$$

---

[1]) Vgl. auch meinen Aufsatz: „Die Dreieckrechentafeln und die hydraulische Energieumwandlungskurve" in der Zeitschr. f. angew. Mathematik und Mechanik 1922, Heft 5, S. 375.

eine Gleichung, die mit $l_1 = p \cdot l$; $l_2 = q \cdot l$ und $l_3 = r \cdot l$ übergeht in die Gleichung

$$l_1 \cdot \log f_1(z_1) + l_2 \cdot \log f_2(z_2) + l_3 \cdot \log f_3(z_3) = l \cdot \log C . \tag{32b}$$

Um diese Gleichung mit der Gleichung 31d übereinstimmen zu lassen, müssen wir diesmal $u = l_1 \cdot \log f_1(z_1)$, $v = l_2 \cdot \log f_2(z_2)$ und $w = l_3 \cdot \log f_3(z_3)$ setzen. Die auf den drei Loten aufzutragenden logarithmischen Skalen haben daher Modeln l_1, l_2 und l_3, die sich verhalten wie die Hochzahlen p, q und r der Gleichung 32.

Ein Beispiel hierfür bietet uns Abb. 27. In ihr ist die Beziehung dargestellt, die nach C. H. Tutton (s. Forchheimer, Hydraulik, S. 44) zwischen Wassergeschwindigkeit v, Gefälle J und Durchmesser d der gußeisernen Rohrleitungen besteht und die

$$v = 43{,}1 \cdot d^{0{,}62} \cdot J^{0{,}55} \tag{XXV}$$

lautet.

Wir wollen in der Rechentafel 1000 J ablesen und schreiben daher Gleichung XXV

$$v = d^{0{,}62} \cdot (1000\,J)^{0{,}55} \cdot \frac{43{,}1}{1000^{0{,}55}}$$

oder

$$d^{0{,}62} \cdot (1000\,J)^{0{,}55} \cdot v^{-1} = \frac{1000^{0{,}55}}{43{,}1} . \tag{XXVa}$$

Durch Logarithmieren erhalten wir

$$0{,}62 \cdot \log d + 0{,}55 \cdot \log 1000\,J - \log v = 0{,}0155 .$$

In diese Gleichung ist d in m, v in m/sec einzusetzen. Als Länge des Moduls l wurden 125 mm gewählt; daraus ergibt sich als Höhe des in Abb. 27 schwarz ausgefüllten gleichseitigen Ausgangsdreiecks $h = 125 \cdot 0{,}0155 = 1{,}94$ mm. Die Modullängen für die den v-Geraden zugrunde liegende log v-Skala ist 125 mm, für die log 1000 J-Skala $0{,}55 \cdot 125 = 68{,}75$ mm, für die log d-Skala $0{,}62 \cdot 125 = 77{,}5$ mm. Die Rechentafel Abb. 27 ist gezeichnet für den Bereich von $d = 1$ cm bis $d = 100$ cm, von 1000 $J = 0{,}1$ bis 1000 $J = 10$ und von $v = 1{,}6$ cm/sec bis $v = 100$ cm/sec.

Anstatt uns das Gerippe für das zu zeichnende Bezugsnetz dadurch zu schaffen, daß wir die allgemeinen Funktionsskalen mit den Modeln l_1, l_2 und l_3 längs Loten auftragen, die wir auf den drei Dreieckseiten errichtet haben, können wir, wie sich leicht einsehen läßt, auch die Seiten des gleichseitigen Dreiecks selbst als Träger der alsdann mit den Modeln $l_1' = l_1 : \sin 60° = 1{,}155 \cdot l_1$, $l_2' = 1{,}155 \cdot l_2$ und $l_3' = 1{,}155 \cdot l_3$ zu zeichnenden allgemeinen Funktionsskalen benutzen, wodurch Zeichenarbeit erspart wird.

In den meisten Fällen der Anwendung werden die Hochzahlen p, q und r sich zueinander verhalten wie niedere ganze Zahlen; in demselben Verhältnis stehen alsdann auch die Modullängen l_1, l_2 und l_3 . Um nicht immer von neuem Teilungen mit Modeln auftragen zu müssen, deren Längen in immer wiederkehrenden Verhältnissen zueinander stehen, habe ich vorgeschlagen, auf Streifen oder auf in Streifen zerschneidbare Bogen außer den öfters vorkommenden Skalen der zweiten und dritten Potenz, sowie der Sinus- und Tangensfunktion hauptsächlich logarithmische Skalen aufzudrucken, deren Modullängen in den am häufigsten vorkommenden Verhältnissen zueinander stehen. Kleben wir diese „Streifen mit aufgedruckten Skalen" längs der Seiten des gleichseitigen Dreiecks auf, so haben wir ohne weiteres ein Gerippe, mit dessen Hilfe sich das Bezugsnetz sehr schnell entwerfen läßt. Stehen die Hochzahlen p, q und r wie z. B. in Gleichung XXV in selten vorkommenden Verhältnissen zueinander, die sich mittels der vorhandenen „Streifen mit aufgedruckten Skalen" nicht darstellen lassen, so kleben wir einen Streifen mit der Skala,

deren Modul etwas größer als der erforderliche ist, gegen die Dreieckseite geneigt
so auf, daß seine durch die zu ziehenden Netzgeraden erfolgende Projektion auf die
Dreieckseite eine logarithmische Teilung von der erforderlichen Modullänge l' ergibt.
Das eigentliche Anwendungsgebiet der Streifen mit aufgedruckten Skalen bilden
die später zu beschreibenden Fluchtlinientafeln; da die Streifen aber bereits jetzt
uns wertvolle Dienste leisten können, sei schon an dieser Stelle näher auf sie eingegangen. Um zu erreichen, daß alle in dem aufzustellenden System vorkommenden
Modullängen ganze Vielfache von 10 mm sind, wurde die viele ganzzahlige Teiler
aufweisende Länge von 600 mm als Ausgangsmodullänge gewählt, und es wurden
ihr die Modeln von 500, 480, 450, 400, 360, 300, 240, 200, 150, 120 und 100 mm

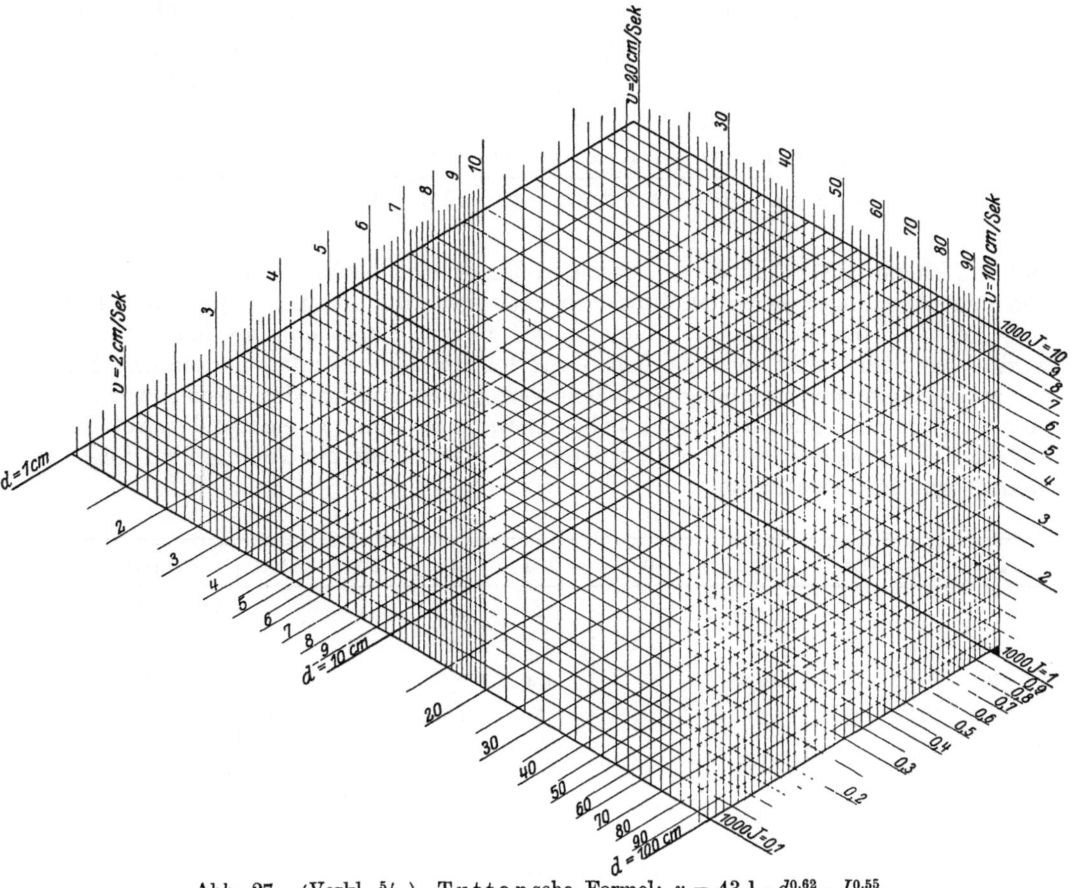

Abb. 27. (Verkl. $^5/_9$.) Tuttonsche Formel: $v = 43,1 \cdot d^{0,62} \cdot J^{0,55}$.

Länge hinzugefügt. Die vermittels dieser Skalen erhältlichen Verhältnisse der Modullängen sind aus nachstehender Tabelle ersichtlich, in der im Schnitt einer wagrechten
und einer lotrechten Reihe das Verhältnis angegeben ist, das die an den Enden der
beiden Reihen angegebenen Modullängen l miteinander bilden. (S. Tabelle S. 46.)
Die Herstellung der Streifen mit aufgedruckten Skalen stößt augenblicklich
auf Schwierigkeiten und muß daher auf spätere Zeiten verschoben werden. Um jedoch
das Zeichnen von logarithmischen Skalen mit verschiedener Modullänge zu erleichtern,
hat sich die Firma Carl Schleicher und Schüll entschlossen, eine beabsichtigte Ergänzung ihrer mehrfach erwähnten Logarithmenpapiere in der Weise vorzunehmen,
daß sie den bisher hergestellten, auf den Modullängen von 100, 200 und 250 mm
aufgebauten Logarithmenpapieren solche mit Modullängen von 600, 500, 400 und

$l =$	600	500	480	450	400	360	300	240	200	150	120	100	$l =$
600	1	6/5	5/4	4/3	3/2	5/3	2	5/2	3	4	5	6	600
500	5/6	1	25/24	10/9	5/4	25/18	5/3	25/12	5/2	10/3	25/6	5	500
480	4/5	24/25	1	16/15	6/5	4/3	8/5	2	12/5	16/5	4	24/5	480
450	3/4	9/10	15/16	1	9/8	5/4	3/2	15/8	9/4	3	15/4	9/2	450
400	2/3	4/5	5/6	8/9	1	10/9	4/3	5/3	2	8/3	10/3	4	400
360	3/5	18/25	3/4	4/5	9/10	1	6/5	3/2	9/5	12/5	3	18/5	360
300	1/2	3/5	5/8	2/3	3/4	5/6	1	5/4	3/2	2	5/2	3	300
240	2/5	12/25	1/2	8/15	3/5	2/3	4/5	1	6/5	8/5	2	12/5	240
200	1/3	2/5	5/12	4/9	1/2	5/9	2/3	5/6	1	4/3	5/3	2	200
150	1/4	3/10	5/16	1/3	3/8	5/12	1/2	5/8	3/4	1	5/4	3/2	150
120	1/5	6/25	1/4	4/15	3/10	1/3	2/5	1/2	3/5	4/5	1	6/5	120
100	1/6	1/5	5/24	2/9	1/4	5/18	1/3	5/12	1/2	2/3	5/6	1	100
$l =$	600	500	480	450	400	360	300	240	200	150	120	100	$l =$

300 mm hinzufügt[1]). Auf diesen Papieren lassen sich leicht logarithmische Skalen von den oben angegebenen Modullängen entwerfen, die sodann ausgeschnitten und auf den für die Rechentafel bestimmten Bogen aufgeklebt werden. Zuweilen wird es gar nicht nötig sein, die Skalen auf dem Papier besonders herauszuzeichnen, ein ausgeschnittener mit einigen Zahlen versehener Streifen des Papiers wird vielmehr oft ein hinreichend übersichtliches Gerippe für die zu zeichnenden Netzlinien abgeben. In obigem System von Papieren mit logarithmischer Teilung sind folgende Modulverhältnisse enthalten:

$l =$	600	500	400	300	250	200	100	Fabrikat.-Nr.
600	1	6/5	3/2	2	12/5	3	6	$370^{1}/_{2} : 1$
500	5/6	1	5/4	5/3	2	5/2	5	$370^{1}/_{2} : 3$
400	2/3	4/5	1	4/3	8/5	2	4	$370^{1}/_{2} : 4$ u. $370^{1}/_{2} : 6$
300	1/2	3/5	3/4	1	6/5	3/2	3	$370^{1}/_{2} : 2$
250	5/12	1/2	5/8	5/6	1	5/4	5/2	$367^{1}/_{2}$ $375^{1}/_{2}$
200	1/3	2/5	1/2	2/3	4/5	1	2	$374^{1}/_{2}$ u. $370^{1}/_{2} : 5$ u. $370^{1}/_{2} : 7$
100	1/6	1/5	1/4	1/3	2/5	1/2	1	$365^{1}/_{2}$ $376^{1}/_{2}$
Fabrikat.-Nr.	$370^{1}/_{2} : 1$	$370^{1}/_{2} : 3$	$370^{1}/_{2} : 4$ $370^{1}/_{2} : 6$	$370^{1}/_{2} : 2$	$367^{1}/_{2}$ $375^{1}/_{2}$	$374^{1}/_{2}$ $370^{1}/_{2} : 5$ $370^{1}/_{2} : 7$	$365^{1}/_{2}$ $376^{1}/_{2}$	

Außerdem befindet sich auf dem Papier Nr. $374^{1}/_{2}$ eine Teilung für die Funktionen log sin z und log tg z.

Bei den soeben beschriebenen Dreieckrechentafeln schneiden sich in jedem Punkte der Ebene drei Geraden, die mit den drei Seiten eines gleichseitigen Dreiecks gleichgerichtet verlaufen und auf den längs der Dreieckseiten oder senkrecht zu ihnen

---

[1]) Vgl. hierzu Prof. Dr. Schreiber: Grundzüge einer Flächennomographie 1921, S. 79.

angebrachten Skalen Werte bestimmen, welche den Gleichungen 30 bzw. 32 Genüge leisten. Wir können uns nun wieder vom Zeichnen des Bezugsnetzes frei machen, wenn wir auf einem Bogen lediglich die drei mit den Dreieckseiten gleichgerichteten bzw. auf ihnen senkrecht stehenden Funktionsskalen mit den Modeln $l_1' = l_1 :$ $\sin 60°$, $l_2' = l_2 : \sin 60°$ und $l_3' = l_3 : \sin 60°$ bzw. den Modeln l_1, l_2 und l_3 entwerfen und als bewegliche Ablesevorrichtung ein durchsichtiges Papier, Pausleinwand oder eine Glastafel verwenden, auf der sich drei durch einen Punkt gehende, mit den Seiten eines gleichseitigen Dreiecks gleichgerichtete Strahlen befinden. Legen wir die Ablesevorrichtung nun so auf den Bogen mit den Funktionsskalen, daß die drei Strahlen gleichgerichtet mit den Seiten des der Rechentafel zugrunde liegenden gleichseitigen Dreiecks verlaufen, so bestimmen diese Strahlen durch ihren Schnitt mit den Skalen Werte z_1, z_2 und z_3, die den Gleichungen von der Form

$$f_1(z_1) + f_2(z_2) + f_3(z_3) = C \tag{30}$$

bzw.

$$[f_1(z_1)]^p \cdot [f_2(z_2)]^q \cdot [f_3(z_3)]^r = C \tag{32}$$

Genüge leisten, für welche die Rechentafel entworfen ist. Sind die Skalen senkrecht zu den Seiten des gleichseitigen Dreiecks angeordnet, so kann zum Einrichten der

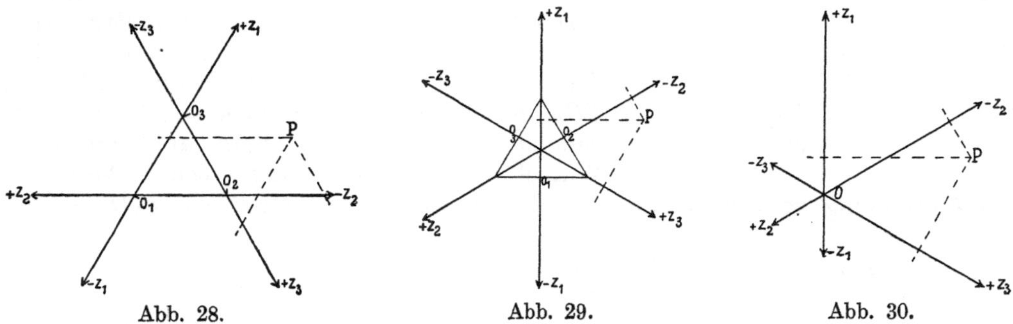

Abb. 28.   Abb. 29.   Abb. 30.

Ablesevorrichtung auch der Umstand dienen, daß die Strahlen in diesem Fall bei der Ablesung auf den Skalen senkrecht stehen müssen.

In Abb. 28 ist eine Dreieckrechentafel mit beweglicher Ablesevorrichtung skizziert, in der die Skalen mit den Seiten des gleichseitigen Dreiecks gleichgerichtet sind; in Abb. 29 ist die Skizze einer ebensolchen Rechentafel mit auf den Dreieckseiten senkrecht stehenden Funktionsskalen gegeben. In beiden Abbildungen sind die Skalen durch starke Striche dargestellt und die Strahlen der Ablesevorrichtung gestrichelt angedeutet; in Abb. 29 ist das gleichseitige Ausgangsdreieck mit dünnen Strichen wiedergegeben. Während ich die soeben beschriebenen Dreieckrechentafeln mit beweglicher Ablesevorrichtung für Gleichungen der allgemeinen Form 30 und 32 in Schrifttum über Rechentafeln nirgends erwähnt fand, beschäftigt sich dieses gern mit dem Sonderfall, daß C in Gleichung 30 den Wert Null, in Gleichung 32 den Wert 1 annimmt. Die der Rechentafel zugrunde liegenden Gleichungen lauten alsdann

$$f_1(z_1) + f_2(z_2) + f_3(z_3) = 0 \tag{33}$$

bzw.

$$[f_1(z_1)]^p \cdot [f_2(z_2)]^q \cdot [f_3(z_3)]^r = 1. \tag{34}$$

In beiden Fällen erhalten wir die gewünschte Rechentafel (s. Abb. 30), wenn wir entsprechend dem Werte $C = 0$ die Höhe der Ausgangsdreiecke in den Abb. 28 und 29 zu Null zusammenschrumpfen lassen; die drei Nullpunkte O_1, O_2 und O_3 fallen alsdann mit dem Schnittpunkte O der drei Skalen zusammen. Da die Ablesevorrichtung — wie in Abb. 30a skizziert — zuweilen auf einer durchsichtigen Scheibe von der Gestalt eines regelmäßigen Sechsecks angebracht wird, welches durch Anlegen eines Lineals an den Rand leicht eine Verschiebung in Richtung der einzelnen Ablesegeraden gestattet, werden derartige Rechentafeln Sechseckrechentafeln (Hexagonaltafeln) genannt. Sechseckrechentafeln von der Form der Abb. 30 haben keine weitere Verbreitung gefunden, da die irrige Ansicht verbreitet ist, daß die Ablesevorrichtung stets eine bestimmte Lage zu den Skalenträgern haben müsse, daß insbesondere in Abb. 30 die Ablesegeraden auf den Skalen senkrecht stehen müßten. Diesem Irrtum ist meines Erachtens auch d'Ocagne verfallen; seine Bemerkung auf S. 70 im „Traité de nomographie" steht jedenfalls nicht im Widerspruch zu dieser Behauptung. Ich lege daher Wert auf folgenden an Hand der Abb. 31 geführten Beweis dafür, daß, welche Lage auch immer die in der Figur gestrichelte Ablesevorrichtung hat, stets ihre Ablesegeraden auf den zwischen sich je einen Winkel von 120° einschließenden z_1-, z_2- und z_3-Achsen Strecken $OA = z_1$, $OB = z_2$ und $OC = z_3$ abschneiden, deren Summe gleich Null ist. Verbinden wir den Schnittpunkt P der drei Ablesegeraden mit dem Schnittpunkt O der drei Strahlen und bezeichnen wir den Winkel POA mit β sowie den Winkel OAP mit α, so nehmen die übrigen in Betracht kommenden Winkel die in Abb. 31 angegebenen Werte an.

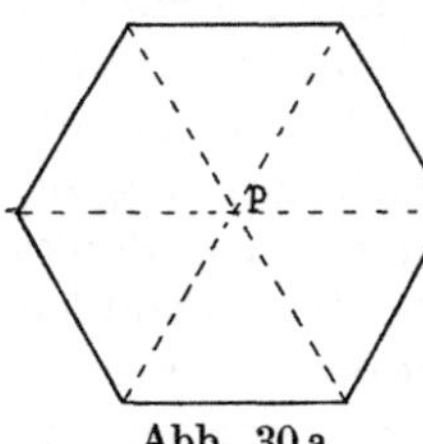

Abb. 30 a.

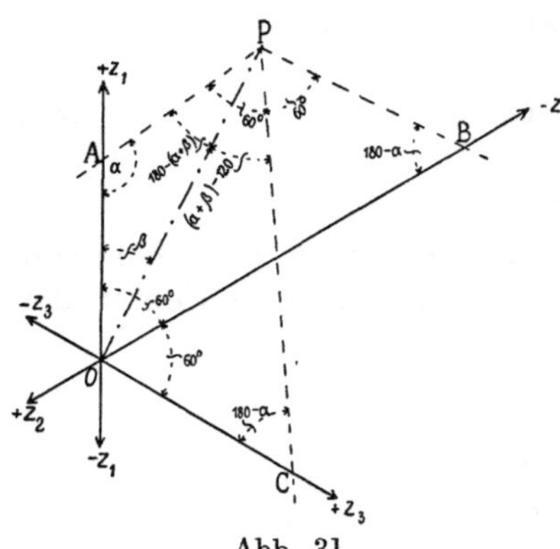

Abb. 31.

Die Anwendung des Sinussatzes auf die Dreiecke OAP, OBP und OCP ergibt:

$$OA = z_1 = OP \frac{\sin[180 - (\alpha + \beta)]}{\sin \alpha} = OP \frac{\sin(\alpha + \beta)}{\sin \alpha},$$

$$OB = z_2 = -OP \frac{\sin[(\alpha + \beta) - 60]}{\sin(180 - \alpha)} = -OP \frac{\sin[(\alpha + \beta) - 60]}{\sin \alpha},$$

$$OC = z_3 = OP \frac{\sin[(\alpha + \beta) - 120]}{\sin(180 - \alpha)} = OP \frac{\sin[(\alpha + \beta) - 120]}{\sin \alpha}.$$

Durch Zusammenzählen erhalten wir

$$z_1 + z_2 + z_3 = \frac{OP}{\sin \alpha}\Big[\sin(\alpha + \beta) - \sin[(\alpha + \beta) - 60] + \sin[(\alpha + \beta) - 120]\Big]$$

$$= \frac{OP}{\sin \alpha}\Big[\sin(\alpha + \beta) - \sin(\alpha + \beta) \cdot \cos 60 + \cos(\alpha + \beta) \cdot \sin 60$$

$$+ \sin(\alpha + \beta) \cos 120 - \cos(\alpha + \beta) \cdot \sin 120\Big]$$

$$= \frac{OP}{\sin \alpha}\Big[\sin(\alpha + \beta) - 2 \cdot \sin(\alpha + \beta) \cdot \cos 60\Big]$$

$$= \frac{OP}{\sin \alpha}\Big[\sin(\alpha + \beta) - \sin(\alpha + \beta)\Big]$$

oder

$$z_1 + z_2 + z_3 = 0,$$

was wir beweisen wollten.

  Da die Ablesegeraden genau ebenso angeordnet sind wie die Skalen der Rechentafel, so schneiden auch letztere auf der Ablesevorrichtung Strecken ab, deren Summe gleich Null ist. Benötigen wir daher bei einem Rechenvorgang zwei Sechseckrechentafeln, so können wir die eine auf einem undurchsichtigen Bogen, die andere auf durchsichtigem Papier entwerfen und wechselseitig die eine Tafel als Ablesevorrichtung für die andere verwenden.

Halten wir an der Bedingung fest, daß die Ablesegeraden senkrecht zu den Skalen verlaufen, so gestatten die Sechseckrechentafeln bei gleichbleibender Genauigkeit eine Einschränkung ihrer Ausdehnung dadurch, daß wir eine Zerlegung (Absetzung) der Skalen eintreten lassen. In der Rechentafel Abb. 30 können wir offensichtlich die Skalen für die Veränderlichen z_1, z_2 und z_3 in Richtung der entsprechenden Ablesegeraden beliebig weit verschieben, ohne daß sich im Gebrauch der Tafel irgend etwas ändert. Dies ist in Abb. 32 geschehen, in der den Skalen für z_1, z_2 und z_3 die drei mit (I'), (I'') und (I', I'') bezeichneten Skalen entsprechen. Wollen wir nun diesen Skalen nur eine beschränkte Ausdehnung geben und trotzdem einen bestimmten Wert z_2 der Skala (I'') mit einem außerhalb der Skala (I') liegenden Wert z_1 in Verbindung bringen, um den diesem Wertepaare (z_1, z_2) entsprechenden Wert z_3 zu ermitteln, so können wir uns zunächst vorstellen, daß die drei Skalen (I'), (I'') und (I', I'') vollständig vorhanden seien und die Ablesegeraden durch drei zusammengehörige Punkte z_1, z_2 und z_3 hindurchgehen, von denen z_2 und z_3 außerhalb der gezeichneten Teile ihrer Skalen liegen. Verschieben wir nunmehr die Ablesevorrichtung in Richtung der durch den Punkt z_2 gehenden Ablesegeraden und gleichzeitig die oberen Teile der in zwei beliebigen Punkten durchschnittenen Skalen (I') und (I', I'') in ihrer eigenen Richtung so, daß die zugehörigen Ablesegeraden noch immer durch die Punkte z_2 und z_3 hindurchgehen, so wird in der Benutzung der Rechentafel auch dann nichts geändert, wenn wir zur Hebung der Übersichtlichkeit den verschobenen Skalenteilen noch eine Verschiebung in Richtung ihrer Ablesegeraden erteilen und sie mit (II') und (II', I'') bezeichnen. Anstatt die z_1-Skala

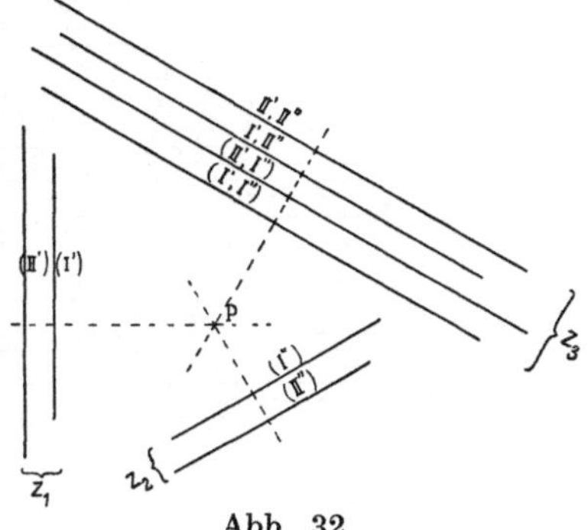

Abb. 32.

in zwei Teile zu trennen, hätten wir sie auch beliebig oft teilen können. In genau derselben Weise können wir mit der z_2-Skala verfahren. Zerlegen wir sie in die Teile I'' und II'', so erhalten wir die beiden weiteren z_3-Skalen (I', II'') und (II', II'') für die Fälle, daß sich der Wert z_2 auf der Skala (II''), der Wert z_1 dagegen auf der Skala I' bzw. II' befindet. Teilen wir die z_1-Skala in n, die z_2-Skala in m-Teile ein, so entspricht jeder möglichen Verbindung einer z_1-Skala mit einer z_2-Skala eine z_3-Skala; insgesamt sind daher $m \cdot n$ z_3-Skalen zu entwerfen.

Zu Beginn dieses Hauptteiles haben wir darauf hingewiesen, daß bei allen Rechentafeln mit Linienkreuzung sich in jedem Punkte drei Linien schneiden, deren Bezifferung uns zusammengehörige Werte der Veränderlichen erkennen läßt, die der Gleichung Genüge leisten, für welche die betreffende Rechentafel aufgestellt ist. In diesem Satze ist ein Vorzug begründet, den die ohne bewegliche Ablesevorrichtung gebrauchten Rechentafeln mit Linienkreuzung vor anderen Rechentafeln besitzen. Wir können nämlich die Rechentafel beliebig verzerren, sofern wir nur darauf achten, daß sich stets die drei Linien, welche sich ursprünglich in einem Punkte schnitten, auch in der verzerrten Rechentafel in einem Punkte schneiden. Insbesondere können wir der Rechentafel ein ganz **beliebiges ebenes Bezugsystem** zugrunde legen, indem wir zwei von den drei Linienscharen dieses beliebige Bezugsnetz bilden lassen und sodann die dritte Linienschar so einzeichnen, daß obigem für alle Rechentafeln mit Linienkreuzung gültigen Satze Genüge geleistet wird. Da eine Verzerrung die Rechentafeln mit Linienkreuzung in ihrem Wesen nicht beeinflußt, üben auch unbeabsichtigte, durch das nachträgliche „Verziehen" des Papiers hervorgerufene Verzerrungen keinen Einfluß auf die Güte dieser Tafeln aus. Beispielsweise können wir, wenn die eine Linienschar von irgendeiner geometrischen Figur abhängig ist, jeder Linie dieser Schar die Form geben, welcher sie ent-

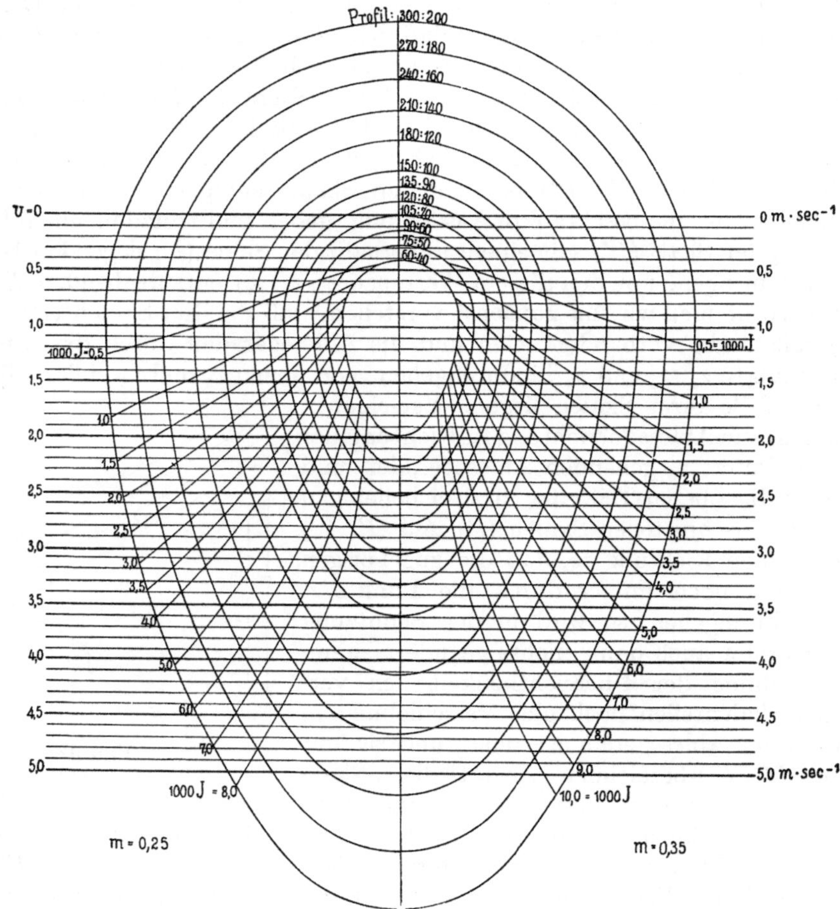

Abb. 33.   Wassergeschwindigkeit in eiförmigen Kanalprovilen.

spricht. Dies ist in Abb. 33 geschehen, in der die zwischen Geschwindigkeit, Gefälle und Höhe $H = 3\,R$ von vollaufenden eiförmigen Kanalprofilen bestehende Beziehung dargestellt ist. Diese Beziehung lautet

$$v = 0{,}4394 \frac{100 \sqrt{0{,}579 \cdot R}}{m + \sqrt{0{,}579 \cdot R}} \sqrt{3\,R \cdot J}\,. \qquad \text{(XXVI)}$$

Aus der Rechentafel sind rechts die v-Werte für $m = 0{,}35$, links dieselben für $m = 0{,}25$ zu entnehmen.

B. Fluchtlinientafeln.

Wir kommen nun zu den Fluchtlinientafeln für Gleichungen mit drei Veränderlichen. Auf S. 5 haben wir gezeigt, wie man aus der Skala für die Funktion $g_1(z_1)$ durch projektive Umformung die Skala der Funktion

$$z_2 = f_1(z_1) = \frac{m \cdot g_1(z_1) + n}{p \cdot g_1(z_1) + q}$$

gewinnen kann, wenn die Determinante $\begin{vmatrix} m & n \\ p & q \end{vmatrix} \gtrless 0$ ist. Sodann haben wir auf S. 21 eine Fluchtlinientafel beschrieben, die es gestattet, die Werte der Funktion $z_2 = f_1(z_1)$ für verschiedene Werte von z_1 zu entnehmen, wenn m, n, p und q gleichbleibende Größen sind. Lassen wir nun auch noch an die Stelle von einer dieser vier Größen eine veränderliche Größe oder die Funktion einer Veränderlichen treten, so erhalten wir eine Beziehung zwischen drei Veränderlichen, die sich ebenfalls durch eine Tafel mit in einem Punkte zusammenlaufenden Fluchtlinien darstellen läßt. Zur Unterscheidung von anderen, später zu beschreibenden Fluchtlinientafeln wollen wir derartige Rechentafeln

Strahlentafeln

nennen. Bezeichnen wir die dritte Veränderliche mit z_3, so können Rechentafeln für die Beziehungen

$$z_2 = f_{1,3}(z_1, z_3) = \frac{f_3(z_3) \cdot f_1(z_1) + n}{p \cdot f_1(z_1) + q}; \quad \begin{vmatrix} f_3(z_3) & n \\ p & q \end{vmatrix} \gtrless 0, \tag{35}$$

$$z_2 = f_{1,3}(z_1, z_3) = \frac{m \cdot f_1(z_1) + f_3(z_3)}{p \cdot f_1(z_1) + q}; \quad \begin{vmatrix} m & f_3(z_3) \\ p & q \end{vmatrix} \gtrless 0, \tag{35a}$$

$$z_2 = f_{1,3}(z_1, z_3) = \frac{m \cdot f_1(z_1) + n}{f_3(z_3) \cdot f_1(z_1) + q}; \quad \begin{vmatrix} m & n \\ f_3(z_3) & q \end{vmatrix} \gtrless 0, \tag{35b}$$

$$z_2 = f_{1,3}(z_1, z_3) = \frac{m \cdot f_1(z_1) + n}{p \cdot f_1(z_1) + f_3(z_3)}; \quad \begin{vmatrix} m & n \\ p & f_3(z_3) \end{vmatrix} \gtrless 0, \tag{35c}$$

mit geringer Mühe dadurch hergestellt werden, daß wir die $f_1(z_1)$-Skala zeichnen, einen Punkt O wählen, diesen mit drei gezeichneten Werten der Skala verbinden und für runde in gleichen Abständen aufeinander folgende Werte von z_3 regelmäßige Skalen so einpassen, wie es auf S. 6 beschrieben wurde. Beziffern wir die Skalen mit den ihnen zukommenden z_3-Werten und verbinden wir die gleichbezifferten Teilpunkte der regelmäßigen Skalen durch Linien, so entsteht ein Bezugsnetz, in welchem jedem Punkte ein bestimmtes Wertepaar (z_2, z_3) zukommt. Befestigen wir schließlich im Punkte O einen Faden und spannen ihn so, daß er durch den Punkt z_1 der $f_1(z_1)$-Skala hindurchgeht, so schneidet er das Bezugsnetz in einer Geraden, deren einzelne Punkte zusammengehörige Werte der Veränderlichen z_2 und z_3 bestimmen. Ist außer z_1 noch z_2 oder z_3 bekannt, so kennen wir damit auch den Wert der dritten Unbekannten. Daß umgekehrt z_1 gefunden werden kann, wenn z_2 und z_3 bekannt sind, versteht sich von selbst. Denken wir uns anstatt des Fadens alle Strahlen gezogen, die sich von O aus durch die Teilpunkte der $f_1(z_1)$-Skala ziehen lassen, so geht unsere Rechentafel in eine Rechentafel mit Linienkreuzung über, bei der die eine Linienschar ein Strahlenbüschel bildet. Da wir nun für jede Gleichung zwischen drei Veränderlichen eine Rechentafel mit Linienkreuzung entwerfen können, deren eine Linienschar durch ein Strahlenbüschel gebildet wird, so ist es klar, daß sich auch „Strahlentafeln" für jede beliebige Abhängigkeit zwischen den drei Veränderlichen herstellen lassen; für die Beziehungen 35 bis 35c ist jedoch die Herstellung der Rechentafel besonders einfach, da sich bei ihnen die z_2-Skala durch projektive Umformung aus der $f_1(z_1)$-Skala herleiten läßt.

Als Beispiel dient Abb. 34; in ihr ist eine Strahlentafel für die Beiwerte k der kleinen Kutterschen Formel gegeben, wenn außer dem hydraulischen Radius R auch der Wert m im Zwischenraum von 0,20 bis 3,00 veränderlich ist.

Die dargestellte Beziehung lautet also

$$k = \frac{100\sqrt{R}}{m + \sqrt{R}}. \tag{XXVII}$$

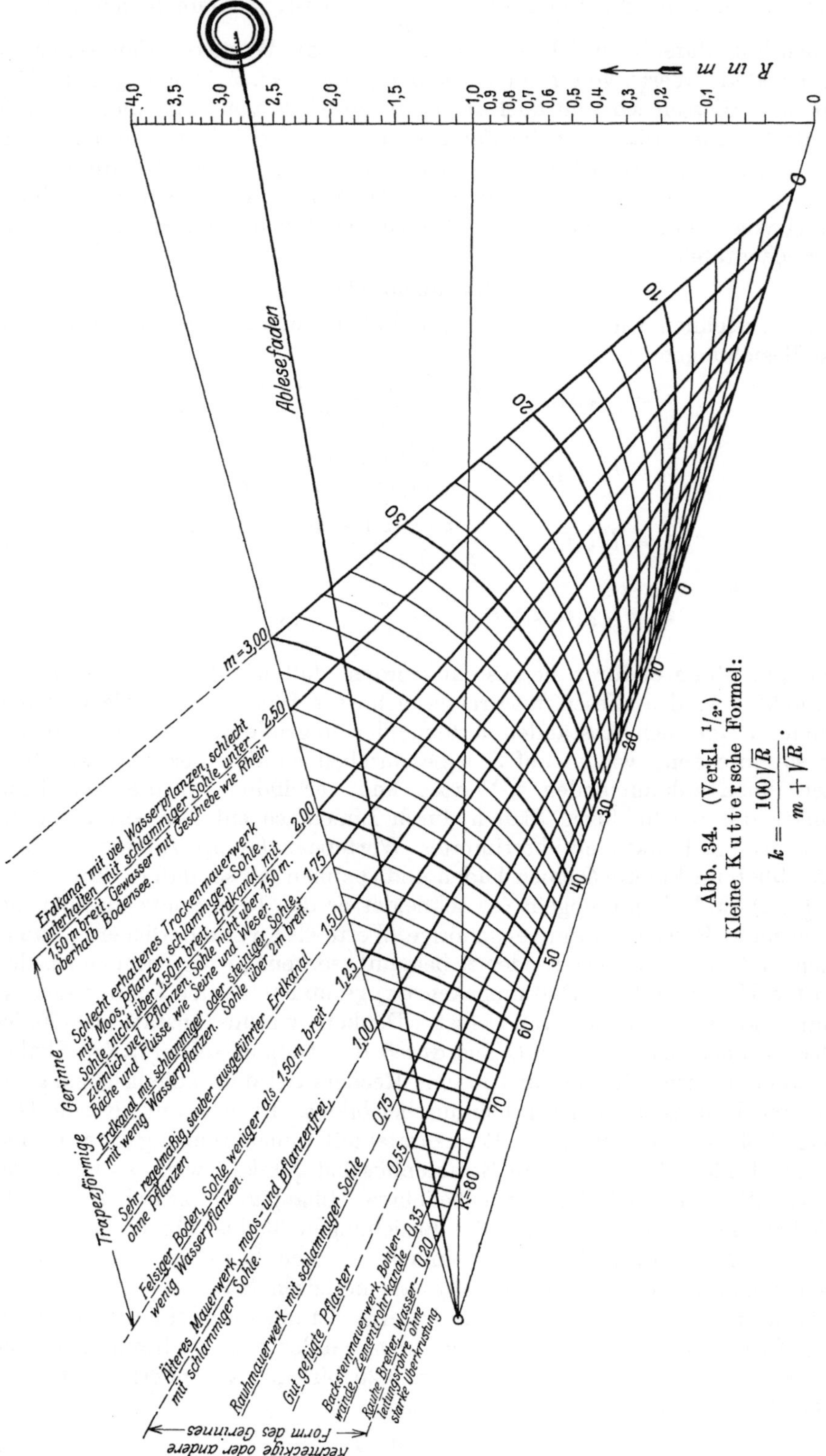

Abb. 34. (Verkl. $\tfrac{1}{2}$.) Kleine Kuttersche Formel:

$$k = \frac{100\sqrt{R}}{m + \sqrt{R}}.$$

Die den Werten $R = 0$, 1 und 4 entsprechenden Punkte der $\sqrt{R}$-Skala wurden mit dem Punkte O verbunden und zwischen diese drei Strahlen wurden regelmäßige Skalen von 20 cm Länge so eingepaßt, daß sie den angeschriebenen m-Werten entsprechen. Welcher Beschaffenheit des Gerinnes wiederum die einzelnen m-Werte zukommen, ist gleichfalls aus der Tafel ersichtlich.

Zeichnen wir für jede der drei Veränderlichen z_1, z_2 und z_3 eine besondere Funktionsskala derart, daß diese Skalen von jeder beliebigen Geraden in Punkten geschnitten werden, deren Bezifferungen zusammengehörige Werte von z_1, z_2 und z_3 ergeben, so erhalten wir eine

Fluchtlinientafel mit Einzelskalen.

Bei der Beschäftigung mit Tafeln dieser Art wollen wir zunächst die Rechentafeln mit nur geradlinigen Skalenträgern betrachten und von diesen zuerst die Tafeln besprechen, bei denen sich die drei Skalenträger in einem Punkte schneiden. Wir ziehen, wie es in Abb. 35 geschehen ist, von einem Punkte O aus als Träger der $f_1(z_1)$- und $f_2(z_2)$-Skala zwei Strahlen, die den Winkel ω miteinander einschließen und lassen diesen Winkel durch den Träger der $f_3(z_3)$-Skala halbieren. Die Modeln, mit denen die drei Skalen entworfen sind, seien l_1, l_2 und l_3. Eine beliebige Gerade schneide die drei Skalen in den Punkten A, B und C. Wenden wir den Sinussatz auf die Dreiecke OAC, OBC und OAB an und setzen wir

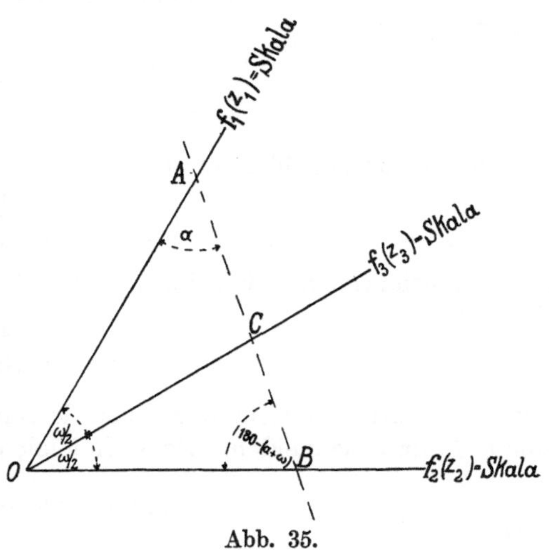

Abb. 35.

$$OA = l_1 \cdot f_1(z_1), \quad OB = l_2 \cdot f_2(z_2) \quad \text{und} \quad OC = l_3 \cdot f_3(z_3),$$

so erhalten wir die Beziehungen

$$\sin\alpha = \sin\frac{\omega}{2} \cdot \frac{l_3 \cdot f_3(z_3)}{AC},$$

$$\sin\alpha = \sin\omega \cdot \frac{l_2 \cdot f_2(z_2)}{AB},$$

$$\sin(\alpha + \omega) = \sin\frac{\omega}{2} \cdot \frac{l_3 \cdot f_3(z_3)}{CB},$$

$$\sin(\alpha + \omega) = \sin\omega \cdot \frac{l_1 \cdot f_1(z_1)}{AB}.$$

Die Zusammenfassung der beiden ersten und der beiden letzten Gleichungen ergibt

$$\frac{AB \cdot \sin\frac{\omega}{2}}{l_2 \cdot f_2(z_2)} = \frac{AC \cdot \sin\omega}{l_3 \cdot f_3(z_3)}$$

und

$$\frac{AB \cdot \sin\frac{\omega}{2}}{l_1 \cdot f_1(z_1)} = \frac{CB \cdot \sin\omega}{l_3 \cdot f_3(z_3)}.$$

Zählen wir diese beiden Gleichungen zusammen und berücksichtigen wir, daß $A\,C + C\,B = A\,B$ ist, so erhalten wir

$$\frac{1}{l_1 \cdot f_1(z_1)} + \frac{1}{l_2 \cdot f_2(z_2)} = \frac{\sin \omega}{\sin \dfrac{\omega}{2} \cdot l_3 \cdot f_3(z_3)}$$

oder

$$\frac{1}{l_1 \cdot f_1(z_1)} + \frac{1}{l_2 \cdot f_2(z_2)} = \frac{2 \cdot \cos \dfrac{\omega}{2}}{l_3 \cdot f_3(z_3)} \ . \tag{36}$$

Setzen wir nun

$$l = l_1 = l_2 = \frac{l_3}{2 \cdot \cos \dfrac{\omega}{2}},$$

so geht Gleichung 36 über in

$$\frac{1}{l \cdot f_1(z_1)} + \frac{1}{l \cdot f_2(z_2)} = \frac{1}{l \cdot f_3(z_3)} \tag{36a}$$

und wir erhalten das Ergebnis, daß sich Gleichungen der Form

$$\frac{1}{f_1(z_1)} + \frac{1}{f_2(z_2)} = \frac{1}{f_3(z_3)} \tag{36b}$$

durch Fluchtlinientafeln darstellen lassen, deren geradlinige Skalenträger sich in einem Punkte schneiden. Da sich Gleichungen der Form

$$g_1(z_1) + g_2(z_2) = g_3(z_3) \tag{37}$$

oder

$$\frac{1}{1/g_1(z_1)} + \frac{1}{1/g_2(z_2)} = \frac{1}{1/g_3(z_3)} \tag{37a}$$

dadurch auf die Form 36b bringen lassen, daß wir $f_1(z_1) = 1 : g_1(z_1)$, $f_2(z_2) = 1 : g_2(z_2)$ und $f_3(z_3) = 1 : g_3(z_3)$ setzen, und da Gleichung 37 wiederum durch Logarithmieren aus einer Gleichung der Form

$$\varphi_1(z_1) \cdot \varphi_2(z_2) \cdot \varphi_3(z_3) = 1 \tag{38}$$

entstanden gedacht werden kann, lassen sich auch Gleichungen der Form 37 und 38 durch eine Fluchtlinientafel darstellen, deren geradlinige Skalenträger durch einen Punkt gehen. Wählen wir $\omega = 120°$, so wird $2 \cdot \cos \dfrac{\omega}{2} = 1$ und die drei Modeln l_1, l_2 und l_3 werden alle gleich groß.

Nimmt in Gleichung 37 die eine oder andere Funktion Werte von 0 bis ∞ an, so kann man es einrichten, daß die in den Nennern der Gleichung 37a stehenden Funktionen zwischen endlichen Grenzen gelegene Werte annehmen. Bezeichnen wir nämlich mit h und k zwei unveränderliche Größen, so können wir Gleichung 37 bzw. 37a auf folgende Form bringen

$$h + k \cdot g_1(z_1) + h + k \cdot g_2(z_2) = 2\,h + k \cdot g_3(z_3) \tag{37b}$$

$$\frac{1}{1 : [h + k \cdot g_1(z_1)]} + \frac{1}{1 : [h + k \cdot g_2(z_2)]} = \frac{1}{1 : [2\,h + k \cdot g_3(z_3)]} \ . \tag{37c}$$

Die unveränderlichen Größen h und k lassen sich stets so wählen, daß die mit den Modeln l_1, l_2 und l_3 vervielfachten Nenner in der Gleichung 37c endliche Werte darstellen, wodurch erreicht wird, daß auch die ganze Rechentafel nur endliche Ausmaße aufweist.

In Abb. 36 ist ein Beispiel gegeben, in dem $\cos\dfrac{\omega}{2} = \tfrac{2}{3}$ ist. Die Rechentafel stellt dieselbe Beziehung wie die Abb. 17 dar. Die aus einer rechteckigen Öffnung von der Breite $B = 1\,\mathrm{m}$ austretende Wassermenge Q beträgt in Raummetern

$$Q = \tfrac{2}{3} \cdot 0{,}62 \cdot \sqrt{2g}\,\big(h_u^{3/2} - h_o^{3/2}\big) \tag{XXVIII}$$

oder

$$h_o^{3/2} + \frac{Q}{1{,}82} = h_u^{3/2}, \tag{XXVIIIa}$$

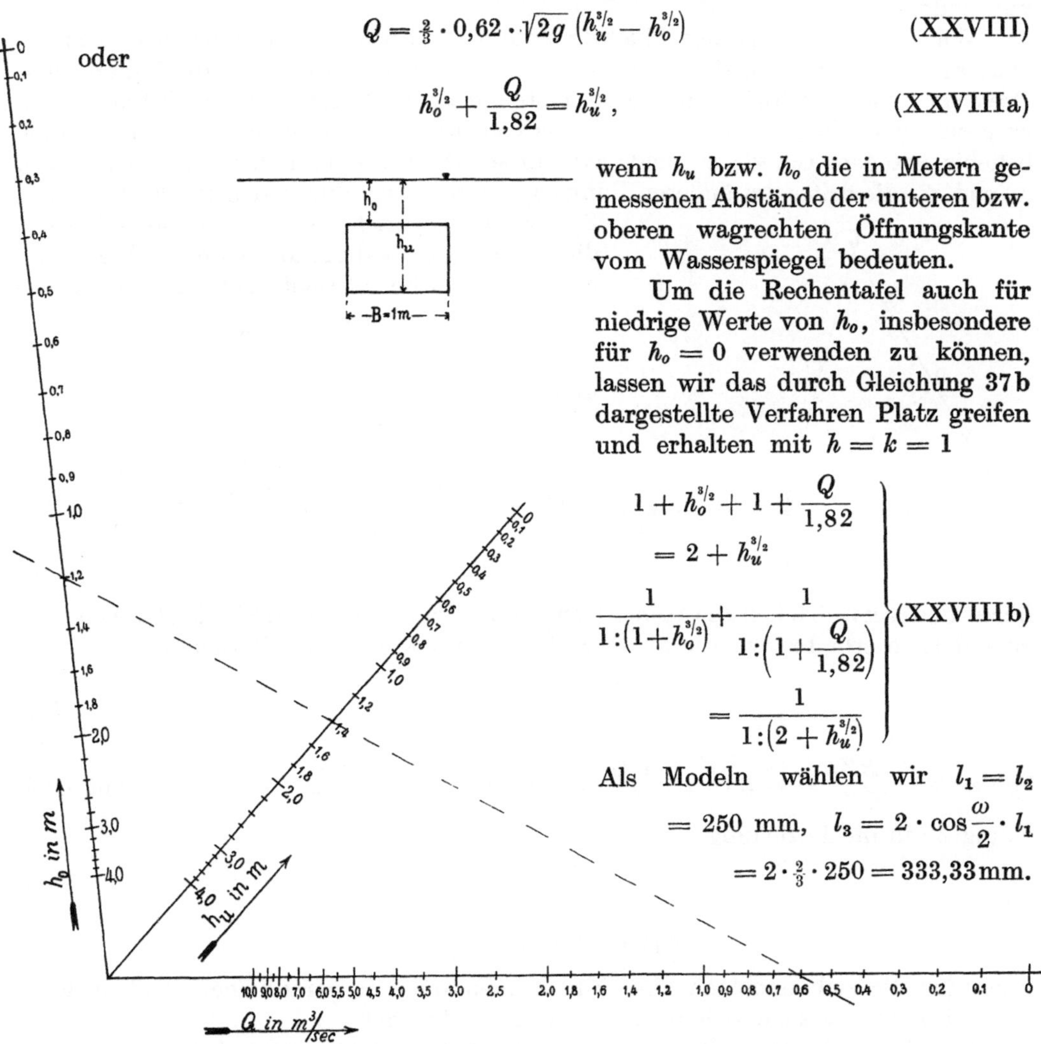

wenn h_u bzw. h_o die in Metern gemessenen Abstände der unteren bzw. oberen wagrechten Öffnungskante vom Wasserspiegel bedeuten.

Um die Rechentafel auch für niedrige Werte von h_o, insbesondere für $h_o = 0$ verwenden zu können, lassen wir das durch Gleichung 37b dargestellte Verfahren Platz greifen und erhalten mit $h = k = 1$

$$\left.\begin{aligned} 1 &+ h_o^{3/2} + 1 + \frac{Q}{1{,}82} \\ &= 2 + h_u^{3/2} \\[2mm] \frac{1}{1:\left(1+h_o^{3/2}\right)} &+ \frac{1}{1:\left(1+\dfrac{Q}{1{,}82}\right)} \\[2mm] &= \frac{1}{1:\left(2 + h_u^{3/2}\right)} \end{aligned}\right\} \text{(XXVIIIb)}$$

Als Modeln wählen wir $l_1 = l_2 = 250\,\mathrm{mm}$, $l_3 = 2\cdot\cos\dfrac{\omega}{2}\cdot l_1 = 2\cdot\tfrac{2}{3}\cdot 250 = 333{,}33\,\mathrm{mm}$.

Abb. 36. (Verkl. $^1/_2$.) Ausfluß aus rechteckiger Öffnung: $Q = 1{,}82\,(h_u^{3/2} - h_o^{3/2})$.

Tragen wir mit den Modeln l_1 und l_2 längs der beiden äußeren Skalenträger die Skalen der Funktionen $1:(1 + h_o^{3/2})$ und $1:\left(1 + \dfrac{Q}{1{,}82}\right)$ sowie längs der Winkelhalbierenden die Skala der Funktion $1:(2 + h_u^{3/2})$ mit den Modul l_3 auf[1]), so erhalten wir ein Skalensystem, das durch jede Gerade in Punkten geschnitten wird, deren Bezifferungen zusammengehörige Werte von h_u, h_o und Q ergeben. So besagt z. B. die gestrichelt eingezeichnete Gerade, daß einer rechteckigen Öffnung von 1 m Breite, deren

---

[1]) Praktisch geht man so vor, daß man zuerst die beiden Skalen für h_o und Q zeichnet und dann den $Q = 0$ entsprechenden Punkt mit den einzelnen Teilungspunkten der h_o-Skala verbindet. Wie sich leicht einsehen läßt, schneidet das so entstehende Strahlenbüschel den Skalenträger für h_u in Punkten, denen dieselbe Bezifferung zukommt, wie den auf denselben Strahlen liegenden Punkten der h_o-Skala.

unterer wagrechter Rand in 1,40 m Abstand unter dem Wasserspiegel liegt, während
der Abstand des oberen Randes 1,20 m beträgt, sekundlich 0,62 Raummeter Wasser
Wasser entströmen. Als Ablesegerade wird vorteilhafterweise ein Seidenfaden,
ein Haar oder ein dünner auf einen Streifen Pauspapier aufgezeichneter Strich
verwandt.

Wir kommen nun zu den Fluchtlinientafeln mit d r e i g e r a d l i n i g e n S k a l e n -
t r ä g e r n , die sich in drei Punkten schneiden, so daß sie die Seiten eines
Dreiecks bilden. M ö b i u s hat zum ersten Male diese Art von Fluchtlinientafeln
vorgeschlagen. In Abb. 37 sei $A\,B\,C$ das von den 3 Skalen gebildete Dreieck. Eine
beliebig gezogene Gerade schneide zwei dieser Dreieckseiten in den inneren Punkten
z_1 und z_2, die dritte im äußeren Punkt z_3. Ziehen wir durch den Punkt B die mit

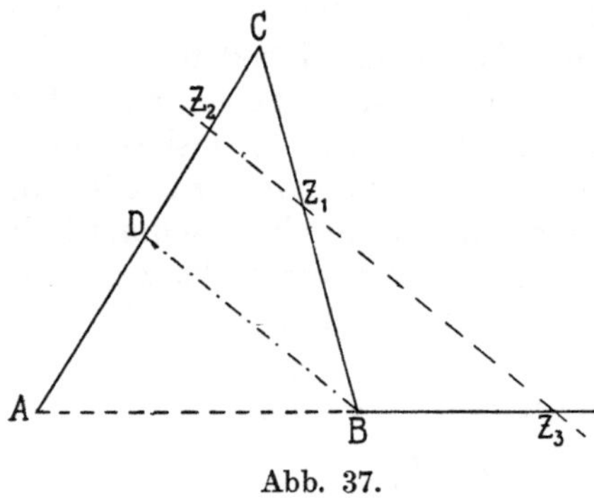

Abb. 37.

$Z_2 \to Z_3$ gleichgerichtete Gerade, so schneidet
diese die gegenüberliegende Seite im Punkte D,
und es ist bei Berücksichtigung des Vorzeichens

$$\frac{A\,Z_3}{B\,Z_3} = \frac{A\,Z_2}{D\,Z_2}$$

und

$$\frac{B\,Z_1}{C\,Z_1} = \frac{D\,Z_2}{C\,Z_2}.$$

Fügen wir als dritte Gleichung die Identität

$$\frac{C\,Z_2}{A\,Z_2} = \frac{C\,Z_2}{A\,Z_2}$$

hinzu und vervielfachen die rechten und linken Seiten dieser drei Gleichungen miteinander, so erhalten wir die als Satz des Menelaos bekannte Beziehung

$$\frac{B\,Z_1}{C\,Z_1} \cdot \frac{C\,Z_2}{A\,Z_2} \cdot \frac{A\,Z_3}{B\,Z_3} = 1. \qquad (39)$$

Setzen wir $\dfrac{B\,Z_1}{C\,Z_1} = -\,f_1(z_1)$, $\quad \dfrac{C\,Z_2}{A\,Z_2} = -f_2(z_2)\quad$ und $\quad\dfrac{B\,Z_3}{A\,Z_3} = f_3(z_3)$, so geht Gleichung 39 in die Beziehung

$$f_1(z_1) \cdot f_2(z_2) = f_3(z_3) \qquad (39a)$$

oder

$$\varphi_1(z_1) \cdot \varphi_2(z_2) \cdot \varphi_3(z_3) = 1$$

über, für die sich demnach eine Fluchtlinientafel mit geradlinigen Skalenträgern
herstellen läßt, welche sich in drei Punkten schneiden.

Um die auf der Seite $B\,C$ aufzutragende Skala zu entwerfen, setzen wir $B\,C = 1$,
$B\,Z_1 = y$ und erhalten

$$B\,Z_1 : Z_1 C = f_1(z_1),$$

$$\frac{y}{1-y} = f_1(z_1),$$

$$y = \frac{f_1(z_1)}{1 + f_1(z_1)}.$$

Da diese Beziehung ein Sonderfall der Gleichung 5 ist, gilt der auf S. 6 angeführte
Satz, und es läßt sich die auf der Seite $B\,C$ aufzutragende Skala aus der $f_1\,(z_1)$-Skala
durch projektive Umformung gewinnen. Dasselbe gilt von den längs der beiden
anderen Dreieckseiten aufzutragenden Funktionsskalen. Wird für einen Wert z_3':
$f_3(z_3') = 0$, so fällt der entsprechende Punkt Z_3' mit dem Punkte B zusammen;
wird dagegen $f_3(z_3') = 1$, so rückt der Punkt Z_3' ins Unendliche und die Rechen-

tafel wird für den Wert z_3' und für benachbarte Werte unbrauchbar. Um dies zu vermeiden, schreiben wir Gleichung 39a in der Form

$$h \cdot f_1(z_1) \cdot h \cdot f_2(z_2) = h^2 \cdot f_3(z_3) \qquad (39\,\text{b})$$

und setzen

$$\frac{BZ_1}{CZ_1} = -h \cdot f_1(z_1), \quad \frac{CZ_2}{AZ_2} = -h \cdot f_2(z_2),$$

$$\frac{BZ_3}{AZ_3} = h^2 \cdot f_3(z_3), \text{ wobei } h < 1 \text{ ist}.$$

Durch die Umkehrung des auf S. 31 angewendeten Kunstgriffes können wir auch Gleichungen der Form

$$g_1(z_1) + g_2(z_2) = g_3(z_3) \qquad (40)$$

durch eine Fluchtlinientafel mit geradlinigen, sich in drei Punkten schneidenden Skalenträgern darstellen. Schreiben wir nämlich

$$10^{g_1(z_1)} = f_1(z_1), \quad 10^{g_2(z_2)} = f_2(z_2) \quad \text{und} \quad 10^{g_3(z_3)} = f_3(z_3),$$

so geht Gleichung 40 über in

$$\log f_1(z_1) + \log f_2(z_2) = \log f_3(z_3)$$

und wir erhalten in

$$f_1(z_1) \cdot f_2(z_2) = f_3(z_3)$$

eine Beziehung zwischen den drei Veränderlichen, die mit Gleichung 39a übereinstimmt und sich daher durch eine Fluchtlinientafel darstellen läßt, deren Skalenträger ein Dreieck bilden.

Ehe wir uns weiteren Formen von Fluchtlinientafeln zuwenden, müssen wir uns mit den **gleichgerichteten Linienbezugsgrößen** (Parallele Linienkoordinaten) befassen, deren Einführung die Behandlung dieser Rechentafeln wesentlich erleichtern wird.

Wählen wir wie in Abb. 38 zwei gleichgerichtete in beliebigem Abstande verlaufende Achsen U und V als Bezugsystem und bestimmen wir auf jeder dieser Achsen einen Nullpunkt O_1 bzw. O_2, von denen aus wir die Bezugsgrößen u und v je nach ihrem Vorzeichen nach der einen oder anderen Richtung auftragen, so legt je ein Wertepaar (u, v) eine Gerade in der Ebene des Bezugsystems fest, nämlich die Gerade, welche die beiden Achsen in den Abständen u und v von den Nullpunkten schneidet. Sind zwei Wertepaare (u_1, v_1) und (u_2, v_2) gegeben, so ist die Lage zweier Geraden und damit auch die Lage ihres Schnittpunktes P in der Ebene bestimmt. Da u und v dieselbe Richtung haben und eine gerade Linie bestimmen, nennen wir sie „gleichgerichtete Linienbezugsgrößen". Es ist von Vorteil, stets die Rollen zu vergleichen, welche den Bezugsgrößen x, y im Cartesischen Bezugsystem und den Bezugsgrößen u, v im gleichgerichteten Linienbezugsystem zukommen. Die Werte x_1 und y_1 stellen uns einzeln betrachtet im Cartesischen Bezugsystem zwei mit der Y-Achse

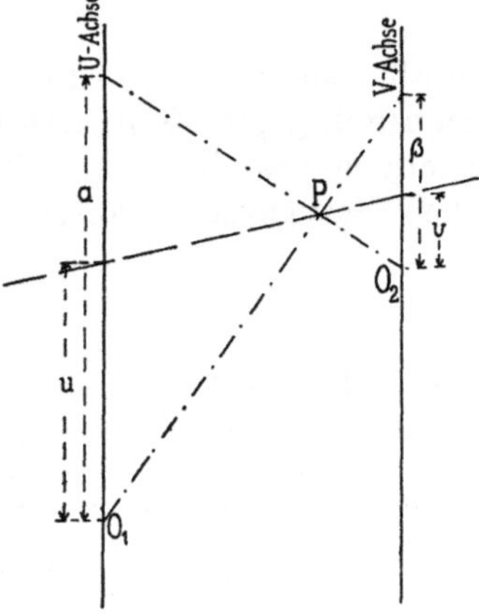

Abb. 38.

bzw. mit der X-Achse gleichgerichtete Gerade dar, das Wertepaar (x_1, y_1) dagegen bestimmt die Lage eines Punktes P, nämlich des Schnittpunktes dieser beiden Geraden, und zwei Wertepaare (x_1, y_1) (x_2, y_2) legen die durch die Punkte (x_1, y_1) und (x_2, y_2) gehende Gerade fest. Entsprechend bestimmen die Bezugsgrößen u_1 und v_1 einzeln betrachtet im gleichgerichteten Linienbezugsystem zwei auf den beiden Bezugsachsen liegende Punkte, ein Wertepaar (u_1, v_1) dagegen legt die durch diese beiden Punkte gehende Gerade fest und zwei Wertepaare (u_1, v_1) (u_2, v_2) können als Bestimmungsgrößen für die Lage eines Punktes, nämlich des Schnittpunktes der Geraden (u_1, v_1) und (u_2, v_2) betrachtet werden. Legen wir in Abb. 38 einen Punkt P durch die Bezugsgrößen $(u_1 = 0,\ v_1 = \beta)$ und $(u_2 = \alpha,\ v_2 = 0)$ der sich in ihm schneidenden und zugleich durch die beiden Nullpunkte gehenden Geraden fest und ziehen wir durch P beliebige Gerade, so läßt sich die zwischen den gleichgerichteten Linienbezugsgrößen u und v aller dieser Geraden und den Größen α und β bestehende Beziehung leicht folgendermaßen ableiten.

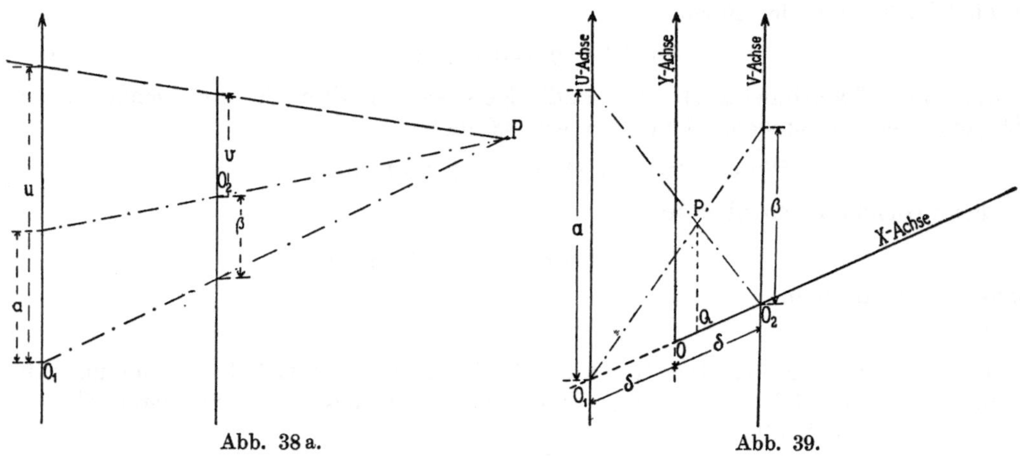

Abb. 38 a.   Abb. 39.

Es verhält sich, gleichgültig, ob der Punkt P zwischen den Achsen (Abb. 38) der außerhalb derselben (Abb. 38 a) gelegen ist

$$\frac{u}{\alpha} = \frac{\beta - v}{\beta} = 1 - \frac{v}{\beta}$$

oder

$$\frac{u}{\alpha} + \frac{v}{\beta} = 1 . \tag{41}$$

Da alle Geraden, deren Linienbezugsgrößen (u, v) dieser Beziehung gehorchen, durch den durch $(\alpha, 0)$ $(0, \beta)$ festgelegten Punkt P gehen, heißt Gleichung 41 die „Normalgleichung des Punktes P in gleichgerichteten Linienbezugsgrößen". Im Cartesischen Bezugsystem lautet die entsprechende Gleichung

$$\frac{x}{\alpha} + \frac{y}{\beta} = 1 \tag{41 a}$$

und stellt uns die Gerade dar, welche auf der X-Achse die Strecke α und auf der Y-Achse die Strecke β abschneidet.

Vervielfachen wir beide Seiten der Gleichung 41 mit c und setzen wir $a = -\dfrac{c}{\alpha}$, $b = -\dfrac{c}{\beta}$, so geht die Gleichung 41 über in

$$a \cdot u + b \cdot v + c = 0 . \tag{42}$$

Den durch diese Gleichung dargestellten Punkt P erhalten wir demnach als Schnittpunkt der beiden Geraden $\left(0,\ \beta = -\dfrac{c}{b}\right)$ und $\left(\alpha = -\dfrac{c}{a},\ 0\right)$. Meist ist es jedoch zweckmäßiger, aus Gleichung 42 die Bezugsgrößen x und y herzuleiten, welche dem

Punkte P in einem Cartesischen Bezugsystem entsprechen, dessen positive X-Achse durch die Punkte O_1 und O_2 geht und mit der Strecke $O_1 O_2$ gleichgerichtet ist, während die positive Y-Achse in der Mitte zwischen den positiven U- und V-Achsen und mit diesen gleichgerichtet verläuft (s. Abb. 39). In diesem Bezugsystem lauten die Gleichungen der beiden oben genannten Geraden $\left(0, \beta = -\dfrac{c}{b}\right)$ und $\left(\alpha = -\dfrac{c}{a}, 0\right)$, die durch ihren Schnitt den Punkt P bestimmen

$$\frac{x}{\delta} + \frac{y}{\alpha/2} = 1 \tag{43}$$

und

$$\frac{x}{-\delta} + \frac{y}{\beta/2} = 1, \tag{43a}$$

sofern wir mit δ die Hälfte der Strecke $O_1 O_2$ bezeichnen.

Mit $\alpha = -\dfrac{c}{a}$ und $\beta = -\dfrac{c}{b}$ gehen die Gleichungen dieser beiden Geraden über in

$$2 \cdot a \cdot \delta \cdot y - c\,(x - \delta) = 0 \tag{43b}$$

und

$$2 \cdot b \cdot \delta \cdot y + c\,(x + \delta) = 0. \tag{43c}$$

Aus diesen zwei Gleichungen gewinnen wir als Bezugsgrößen des Schnittpunkts P:

$$x = -\delta\,\frac{a - b}{a + b} \tag{44}$$

und

$$y = -\frac{c}{a + b} \tag{44a}$$

Ziehen wir durch den Punkt P eine mit der Y-Achse gleichgerichtete Gerade, so schneidet diese die X-Achse im Punkte Q und es folgt aus Abb. 39 bei Berücksichtigung der Gleichungen 43b und 43c

$$\frac{Q\,O_1}{Q\,O_2} = -\frac{(x + \delta)}{(\delta - x)} = -\frac{b}{a} \tag{45}$$

Wir fassen zusammen: Ist ein Cartesisches Bezugsystem mit einem gleichgerichteten Linienbezugsystem in der oben beschriebenen Art verbunden, und bestimmen wir im Cartesischen Bezugsystem den durch die Gleichungen 44 und 44a festgelegten Punkt P, so schneidet jede Gerade durch P die beiden Achsen des Linienbezugsystems in Punkten, deren Abstände u und v von den zugehörigen Nullpunkten der Gleichung 42

$$a \cdot u + b \cdot v + c = 0$$

Genüge leisten.

Lassen wir die Größen a, b und c von einer Veränderlichen z_1 abhängen, d. h. setzen wir $a = f_1(z_1)$, $b = g_1(z_1)$ und $c = h_1(z_1)$, so nimmt Gleichung 42 die Form

$$f_1(z_1) \cdot u + g_1(z_1) \cdot v + h_1(z_1) = 0 \tag{46}$$

an, und wir erhalten für jeden Wert von z_1 einen Punkt P, dessen Bezugsgrößen sich nach Einsetzen obiger Werte für a, b und c in die Gleichungen 44 und 44a errechnen lassen. Jede Gerade, welche durch den einem bestimmten z_1-Wert entsprechenden Punkt P hindurchgeht, schneidet die beiden Achsen des Bezugsystems in Punkten, deren Abstände u und v von den Nullpunkten der Beziehung 46 genügen. Zeichnen wir alle Punkte P, welche runden, in gleichmäßigen Abständen aufeinander folgenden z_1-Werten entsprechen und beziffern wir sie mit diesen zugehörigen z_1-Werten, so erhalten wir die z_1-Skala, deren Träger im allgemeinen krummlinig sein wird. Ebenso können wir die durch die Gleichungen

$$f_2(z_2) \cdot u + g_2(z_2) \cdot v + h_2(z_2) = 0 \qquad (46\,\mathrm{a})$$

und

$$f_3(z_3) \cdot u + g_3(z_3) \cdot v + h_3(z_3) = 0 \qquad (46\,\mathrm{b})$$

festgelegte z_2- und z_3-Skala entwerfen, wie es in Abb. 39a angedeutet ist. Soll nun ein Wertepaar (u, v) allen drei Gleichungen 46, 46a und 46b zugleich genügen, so muß sein

$$\begin{vmatrix} f_1(z_1) & g_1(z_1) & h_1(z_1) \\ f_2(z_2) & g_2(z_2) & h_2(z_2) \\ f_3(z_3) & g_3(z_3) & h_3(z_3) \end{vmatrix} = 0 \,. \qquad (47)$$

Besteht umgekehrt die Beziehung 47 zwischen den drei Veränderlichen z_1, z_2 und z_3, so schneidet jede Gerade (u, v) die drei Skalen in Punkten, deren Bezifferung zusammengehörige Werte von z_1, z_2 und z_3 erkennen läßt. Es ist somit stets möglich, eine Fluchtlinientafel für Beziehungen zwischen drei Veränderlichen zu entwerfen, die sich auf die Form der Gleichung 47 bringen lassen.

Wir wenden uns nun den Fluchtlinientafeln mit **drei gleichgerichteten geradlinigen Skalenträgern** zu. Die durch eine Rechentafel darzustellende Beziehung laute

$$f_1(z_1) + f_2(z_2) + f_3(z_3) = 0 \qquad (48)$$

bzw. $\quad k \cdot [\varphi_1(z_1)]^l \cdot [\varphi_2(z_2)]^m \cdot [\varphi_3(z_3)]^n = 1 \,, \quad (49)$

denn wir wissen, daß wir die Gleichung 49 durch Logarithmieren auf die Form 48 bringen können.

Wir setzen nach Wahl der beiden Modeln l_1 und l_2

$$u = l_1 \cdot f_1(z_1) \qquad (48\,\mathrm{a})$$
$$v = l_2 \cdot f_2(z_2) \qquad (48\,\mathrm{b})$$

und schreiben entsprechend die Gleichung 48 in der Form

$$\frac{u}{l_1} + \frac{v}{l_2} + f_3(z_3) = 0. \qquad (48\,\mathrm{c})$$

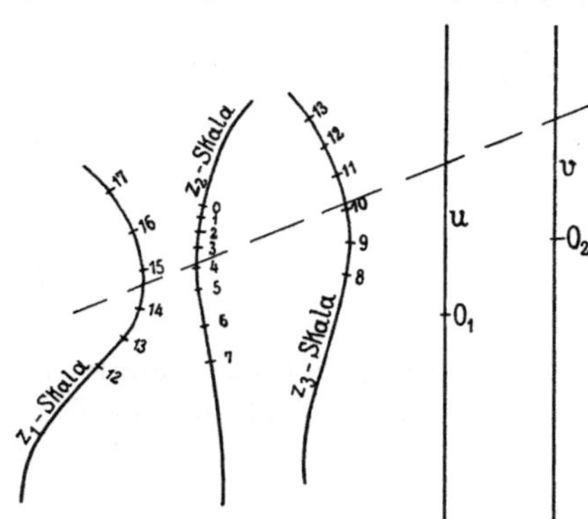

Abb. 39a.

Bei Benutzung des auf S. 59 beschriebenen Cartesischen Bezugsystems erhalten wir die Lage der Punkte, welche runden, in gleichen Abständen aufeinander folgenden z_3-Werten entsprechen, indem wir $a = \dfrac{1}{l_1}, b = \dfrac{1}{l_2}$ und $c = f_3(z_3)$ in die Gleichungen 44 und 44a einsetzen, die dadurch übergehen in

$$x = \delta \frac{l_1 - l_2}{l_1 + l_2} \qquad (49)$$

und

$$y = -\frac{l_1 \cdot l_2}{l_1 + l_2} \cdot f_3(z_3) \,.$$

Da x von z_3 unabhängig ist, verläuft der Träger der Skala (z_3) gleichgerichtet mit der U- und V-Achse. Aus Gleichung 45 folgt, daß sich die Abstände der Skala (z_3) von der U- und V-Achse verhalten wie

$$-\frac{b}{a} = -\frac{l_1}{l_2} \,. \qquad (50)$$

Setzen wir $l_3 = \dfrac{l_1 \cdot l_2}{l_1 + l_2}$, so ist die längs des Trägers der Skala (z_3) aufzutragende Skala bestimmt durch die Gleichung

$$y = - l_3 \cdot f_3(z_3) \qquad (51)$$

und es besteht zwischen den Modeln l_1, l_2 und l_3 die Beziehung

$$\frac{1}{l_1} + \frac{1}{l_2} = \frac{1}{l_3}.$$ (52)

Als erstes Beispiel sei in Abb. 40 eine Fluchtlinientafel für die Beziehung

$$Q = \frac{\pi \cdot d^2}{4} \cdot v$$ (XXIX)

dargestellt, in der Q die sekundliche Wassermenge in m³/sec, d den Rohrdurchmesser in m und v die Geschwindigkeit in m/sec bedeutet. Durch Logarithmieren erhalten wir

$$\log v + 2 \cdot \log d - \left(\log Q + \log \frac{4}{\pi}\right) = 0.$$ (XXIXa)

Wählen wir $l_1 = 2 \cdot l_2 = l = 125$ mm und setzen wir

$$u = l_1 \cdot \log v = l \cdot \log v,$$
$$v = l_2 \cdot 2 \cdot \log d = l \cdot \log d$$

in die Gleichung XXIXa ein, so geht diese über in

$$\frac{u}{l_1} + \frac{v}{l_2} - \left(\log Q + \log \frac{4}{\pi}\right) = 0.$$ (XXIXb)

Die $\log 1 = 0$ entsprechenden Nullpunkte der beiden auf den U- und V-Achsen aufgetragenen Skalen liegen auf einer Senkrechten zu diesen beiden Achsen; das einzufügende Cartesische Bezugsystem ist demnach rechtwinklig. Die Q-Skala teilt den 160 mm betragenden Abstand der U- und V-Achse nach Gleichung 50 im Verhältnis

$$-\frac{l_1}{l_2} = -2.$$

Der Modul, mit dem die Q-Skala zu entwerfen ist, errechnet sich aus Gleichung 52 zu

$$\frac{1}{l_3} = \frac{1}{l_1} + \frac{1}{l_2} = \frac{1}{l} + \frac{2}{l} = \frac{3}{l},$$
$$l_3 = \frac{l}{3} = 41,66 \text{ mm}.$$

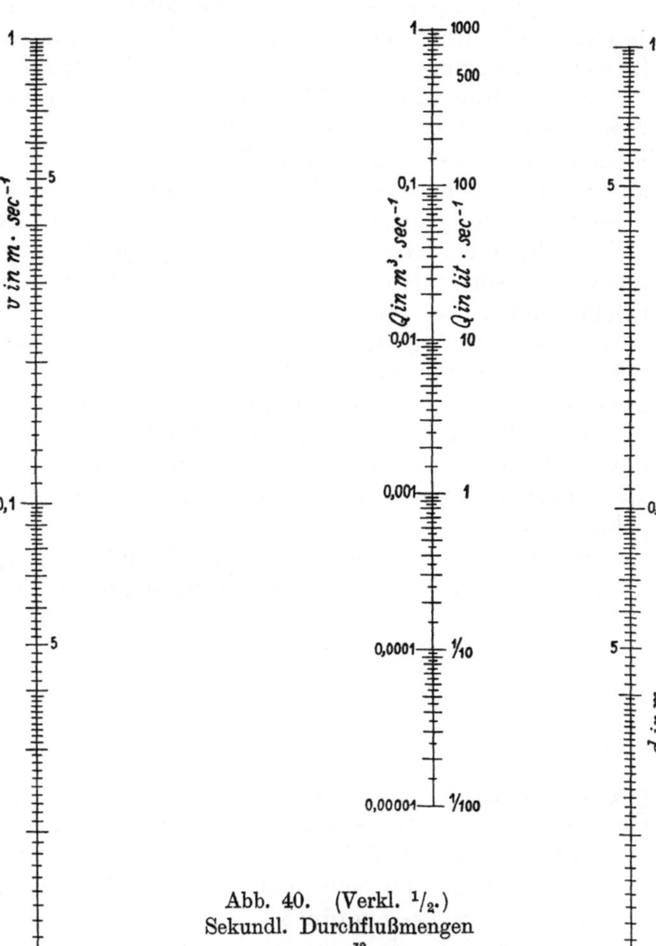

Abb. 40. (Verkl. ¹/₂.)
Sekundl. Durchflußmengen
$$Q = \frac{\pi \cdot d^2}{4} \cdot v.$$

Die Q-Skala selbst ist bestimmt durch die Gleichung 51 entsprechende Beziehung

$$y = -l_3\left(-\log Q - \log \frac{4}{\pi}\right)$$
$$= l_3 \cdot \log Q + l_3 \cdot \log \frac{4}{\pi}.$$

Der $Q = 1$ m³/sec oder $\log Q = 0$ entsprechende Nullpunkt der Q-Skala liegt demnach $y = l_3 \cdot \log \dfrac{4}{\pi} = 41{,}66 \cdot \log \dfrac{4}{\pi} = 4{,}37$ mm oberhalb des Schnittpunktes der Q-Skala mit der Geraden, welche die Nullpunkte der U- und V-Achsen verbindet.

Benutzen wir die von mir vorgeschlagenen, auf S. 44 beschriebenen Streifen mit aufgedruckten Skalen, so haben wir zur Herstellung der Rechentafel für die Beziehung XXIX nur die entsprechenden logarithmischen Skalen in der richtigen Lage auf einen Zeichenbogen aufzukleben und bei der Bezifferung die Kommata an die richtige Stelle zu setzen; jede weitere Zeichenarbeit fällt fort. Wie aus der Zusammenstellung auf S. 46 hervorgeht, können wir bei Benutzung des obigen Systems gedruckter Skalen die Rechentafel verschieden groß und damit verschieden genau herstellen, je nachdem wir $l_1 = l_2 = 600$, 450, 360 oder 300 mm und entsprechend $l_3 = 200$, 150, 120 oder 100 mm wählen.

Wie ein Vergleich der Fluchtlinientafel Abb. 40 mit der in Abb. 16 dargestellten Rechentafel mit Linienkreuzung zeigt, gestaltet sich bei Fluchtlinientafeln die Zwischenschaltung von Werten wesentlich einfacher und genauer. Ein weiterer Vorteil der Fluchtlinientafeln besteht darin, daß die Bezifferung sich in unmittelbarer Nähe der Ablesestelle befindet, so daß alle die Fehler vermieden werden, die beim Verfolgen der sich in einem Punkte schneidenden Linien bis zu deren Bezifferung auftreten können. Ferner lassen sich Fluchtlinientafeln zumal bei Benutzung von Streifen mit aufgedruckten Skalen schneller und fast ohne jede Zeichenarbeit herstellen. Später werden wir noch als weitere Vorzüge der Fluchtlinientafeln gegenüber den Rechentafeln mit Linienkreuzung die kennen lernen, daß sich Fluchtlinientafeln ähnlich wie die oben beschriebenen Dreiecktafeln mit beweglicher Ablesevorrichtung beliebig oft absetzen lassen, womit bei gleicher Tafelgröße eine Genauigkeitssteigerung verbunden ist, und daß sie sich auch auf manche Beziehungen zwischen mehr als drei Veränderlichen anwenden lassen, bei denen die Tafeln mit Linienkreuzung versagen. Ein Nachteil der Fluchtlinientafeln besteht darin, daß sie kein so anschauliches Bild des dargestellten Vorgangs liefern wie die übrigen Rechentafeln, zumal wenn diesen ein geschickt gewähltes Bezugsystem zugrunde gelegt wird.

Ist die zwischen mehreren Veränderlichen z_3, z_4, $z_5 \ldots$ und den beiden Veränderlichen z_1 und z_2 bestehende Abhängigkeit etwa durch die Gleichungen

$$\left.\begin{aligned}
z_3 &= f_{1,2}\,(z_1, z_2)\\
z_4 &= g_{1,2}\,(z_1, z_2)\\
z_5 &= h_{1,2}\,(z_1, z_2)
\end{aligned}\right\} \tag{53}$$

gegeben, so kann man häufig bei Benutzung derselben Skalen für z_1 und z_2 die den Gleichungen 53 entsprechenden Rechentafeln zu einer einzigen vereinen. Dabei hilft man sich in den Fällen, in denen sich zwei Skalen an derselben Stelle befinden müssen, dadurch, daß man je eine Skala auf der rechten und linken Seite des nämlichen Skalenträgers anordnet.

Befindet sich, wie es in Abb. 41 skizziert ist, in der ebenen Wand eines Wasserbehälters ein ebenes Rechteck von der Höhe h cm mit zwei beliebig großen wagrechten Seiten und ist der Schwerpunkt dieses Rechtecks von der Schnittgeraden $A-A$ der Wasseroberfläche mit der Wandebene e cm entfernt, so befindet sich der Mittelpunkt D des Wasserdrucks in Richtung der Fläche gemessen $\varDelta$ cm unterhalb des Schwerpunktes S, und es ist

$$\varDelta = \frac{h^2}{12\,e}. \tag{XXX}$$

Für den Kreis vom Halbmesser r und die Ellipse, deren einer Halbmesser a ist, während der wagrechte Halbmesser beliebig groß sein kann, lautet die entsprechende Gleichung

$$\Delta = \frac{r^2}{4\,e} \qquad\qquad \text{(XXX a)}$$

bzw.

$$\Delta = \frac{a^2}{4\,e}. \qquad\qquad \text{(XXX b)}$$

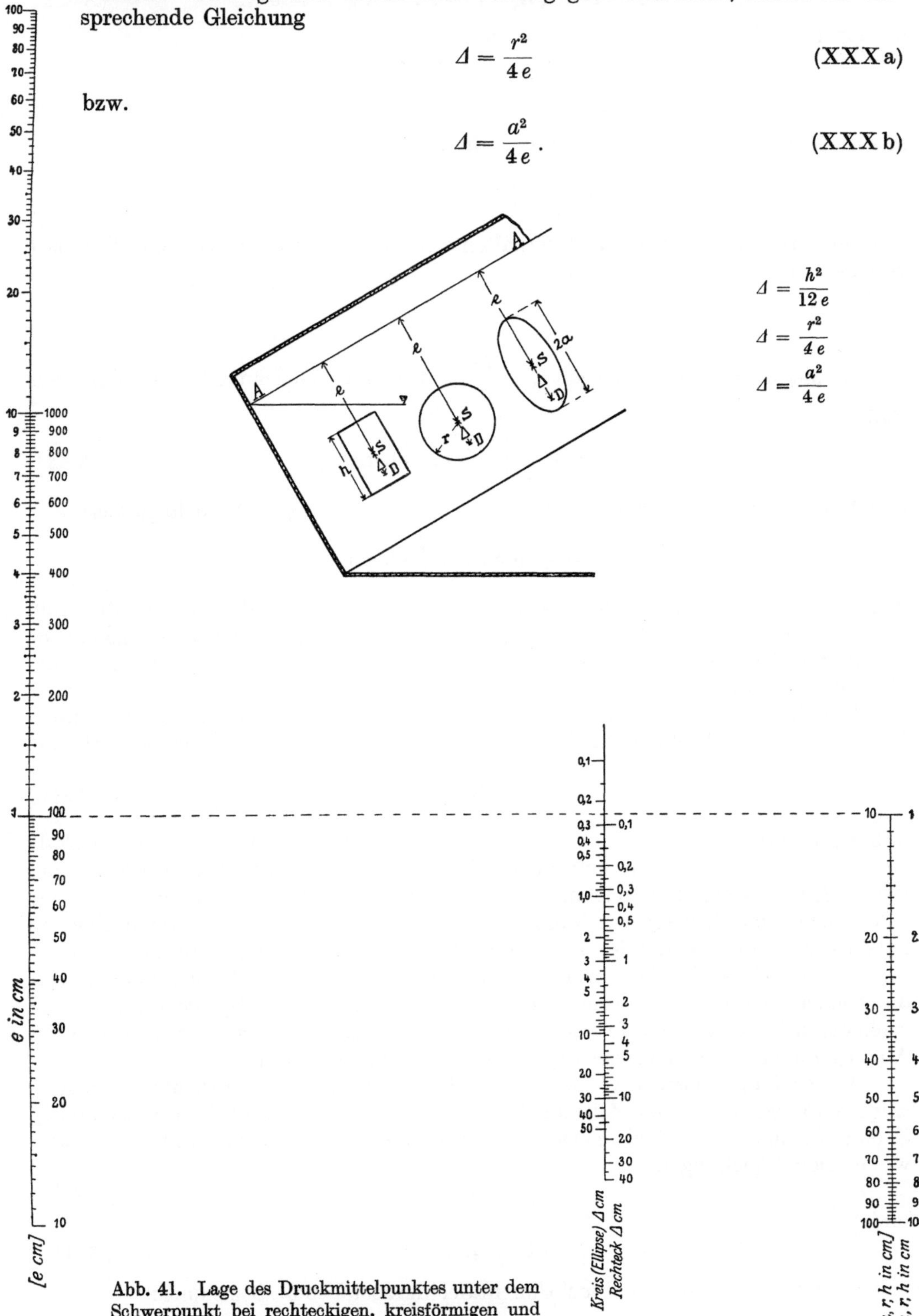

Abb. 41. Lage des Druckmittelpunktes unter dem Schwerpunkt bei rechteckigen, kreisförmigen und elliptischen Flächen. (Verkl. $^1/_2$).

Im Falle des Rechtecks schreiben wir

$$\log e - 2 \cdot \log h + (\log 12 + \log \varDelta) = 0,$$ (XXXI)

wählen $l_1 = 2\,l_2 = l = 125$ mm und setzen

$$u = l_1 \cdot \log e = l \cdot \log e,$$
$$v = l_2 (-2 \cdot \log h) = -l \cdot \log h$$

in die Gleichung XXXI ein, wodurch diese übergeht in

$$\frac{u}{l_1} + \frac{v}{l_2} + (\log 12 + \log \varDelta) = 0.$$

Wie im vorhergehenden Beispiel verhalten sich die Abstände der U- bzw. V-Achsen von der zu entwerfenden $\varDelta$-Skala wie

$$-\frac{l_1}{l_2} = -2$$

und der Modul der $\varDelta$-Skala beträgt $l_3 = \dfrac{l}{3} = 41{,}66$ mm. Gleichung 51, die in unserem Fall

$$y = -\frac{l}{3} (\log 12 + \log \varDelta)$$ (XXXII)

lautet, bestimmt die aufzutragende $\varDelta$-Skala. Setzen wir $y = 0$, so folgt aus

$$-\frac{l}{3} \cdot \log 12 = \frac{l}{3} \cdot \log \varDelta,$$

daß sich im Schnittpunkt des $\varDelta$-Skalenträgers mit der Geraden, welche die Nullpunkte der U- und V-Achsen verbindet, der $\varDelta = \frac{1}{12} = 0{,}083$ entsprechende Punkt der $\varDelta$-Skala befinden muß. Wir tragen diese Skala auf der rechten Seite des Skalenträgers auf.

Hat die Fläche, auf die der Wasserdruck ausgeübt wird, Kreis- oder Ellipsenform, so tritt in Gleichung XXXII log 4 an die Stelle von log 12, und wir erhalten

$$y = -\frac{l}{3} (\log 4 + \log \varDelta),$$ (XXXII a)

d. h. im Punkte $y = 0$ muß sich der mit $\varDelta = \frac{1}{4} = 0{,}25$ bezifferte Punkt der $\varDelta$-Skala befinden. Die $\varDelta$-Skala für kreis- und ellipsenförmige Druckflächen wurde auf der linken Seite des bereits gezeichneten Skalenträgers aufgetragen. Da sich Gleichung XXX nicht ändert, wenn wir h bzw. a mit 10, e dagegen mit 100 vervielfachen, so haben wir die Innenseiten der h- und e-Skala mit diesen Werten beziffert. Beim Gebrauch der Tafel sind daher für die h- und e-Werte entweder die beiden inneren oder die beiden äußeren Bezifferungen maßgebend. Durch die Doppelbezifferung wird erreicht, daß die Rechentafel nicht zu groß wird und daß auch die Skalen von der Ablesegeraden in nicht zu spitzen Winkeln geschnitten werden.

Als weiteres Beispiel vereinigter Rechentafeln mit gleichgerichteten Skalenträgern finden wir in der Zeitschrift für Mathematik und Physik, Bd. 44 (1899), S. 56 u. f., eine von Prof. Mehmke entworfene Rechentafel für die Dupuit-Eytelweinschen Gleichungen

$$Q = 20 \sqrt{D^5 \cdot J}$$ (XXXIII)

und

$$v = \sqrt{648{,}5 \cdot D \cdot J}.$$ (XXXIII a)

Lautet die durch eine Fluchtlinientafel darzustellende Beziehung:

$$f_1(z_1) + f_2(z_2) \cdot f_3(z_3) = 0$$ (54)

oder in anderer Form geschrieben:

$$\varphi_1(z_1) \cdot \varphi_2(z_2) \cdot \varphi_3(z_3) = 1, \tag{54a}$$

so setzt sich die Rechentafel aus drei geradlinigen Skalenträgern zusammen, von denen zwei gleichgerichtet verlaufen.

Wir wollen diesmal die Entwicklung den auf S. 60 angestellten Betrachtungen anpassen. Wir vervielfachen daher Gleichung 54 mit $l_1 \cdot l_2$ und erhalten

$$l_1 \cdot l_2 \cdot f_1(z_1) + l_1 \cdot l_2 \cdot f_2(z_2) \cdot f_3(z_3) = 0$$

oder in Determinantenform geschrieben

$$\begin{vmatrix} 1 & 0 & -l_1 \cdot f_1(z_1) \\ 0 & 1 & -l_2 \cdot f_2(z_2) \\ l_2 & l_1 \cdot f_3(z_3) & 0 \end{vmatrix} = 0. \tag{54b}$$

Da in jeder Zeile dieser Determinante nur eine Veränderliche vorkommt, ist die angestrebte „Trennung der Veränderlichen" erreicht und wir erhalten als Gleichungen für die 3 Skalen

$$\left.\begin{aligned} u - l_1 \cdot f_1(z_1) &= 0, \\ v - l_2 \cdot f_2(z_2) &= 0, \\ l_2 \cdot u + l_1 \cdot f_3(z_3) \cdot v &= 0. \end{aligned}\right\} \tag{54c}$$

Die beiden ersten Gleichungen stellen die auf der U- und V-Achse aufzutragenden Skalen (z_1) und (z_2) dar. Die Cartesischen Bezugsgrößen für die einzelnen Punkte der Skala (z_3) errechnen sich aus Gleichung 44 bzw. 44a zu

$$x = \delta \frac{l_1 \cdot f_3(z_3) - l_2}{l_1 \cdot f_3(z_3) + l_2} \tag{55}$$

und

$$y = 0. \tag{55a}$$

Aus Gleichung 55a folgt, daß die Gerade, welche die Nullpunkte der U- und V-Achse verbindet, zugleich Träger der durch Gleichung 55 bestimmten Skala (z_3) ist. Da Gleichung 55 der Form nach mit Gleichung 5 übereinstimmt, läßt sich die Skala (z_3) durch projektive Umformung aus der $f_3(z_3)$-Skala gewinnen.

Als Beispiel wurde in Abb. 42 die Rechentafel für die zu überschlägigen Rechnungen noch oft benutzte **Dupuit-Eytelweinsche Formel**

$$v = \sqrt{648,5 \cdot D \cdot J} \tag{XXXIV}$$

gegeben, die sich auch schreiben läßt

$$D + \left(-\frac{1}{648,5 \cdot J}\right) \cdot v^2 = 0. \tag{XXXIVa}$$

Ir ihr bedeutet D den in Metern gemessenen Durchmesser vollaufender Kreisprofile, J das Gefälle und v die entsprechende Geschwindigkeit in m/sec. Wir wählen $l_1 = 400$ mm, $l_2 = \dfrac{648,5}{5} = 129,7$ mm und $\delta = 236,5$ mm. Mit diesen Größen erhalten wir als Gleichung für die auf der U- und V-Achse aufzutragenden Skalen

$$u = l_1 \cdot D = 400 \cdot D,$$

$$v = l_2 \cdot \frac{-1}{648,5 \cdot J} = -\frac{1}{5J}.$$

(In dieser letzten Gleichung kommt selbstverständlich dem Buchstaben v die Bedeutung einer Linienbezugsgröße und nicht die einer Geschwindigkeit zu.) Die auf der Geraden ($u = 0$, $v = 0$) aufzutragende Geschwindigkeitsskala ist bestimmt durch Gleichung 55, die in unserem Falle lautet

$$x = 236{,}5\,\frac{400 \cdot v^2 - 129{,}7}{400 \cdot v^2 + 129{,}7}\,.$$

Anstatt die Lage der Teilpunkte der Geschwindigkeitsskala zu errechnen, hätten wir auch 3 Punkte derselben bestimmen und alsdann die Lage der übrigen Skalen-

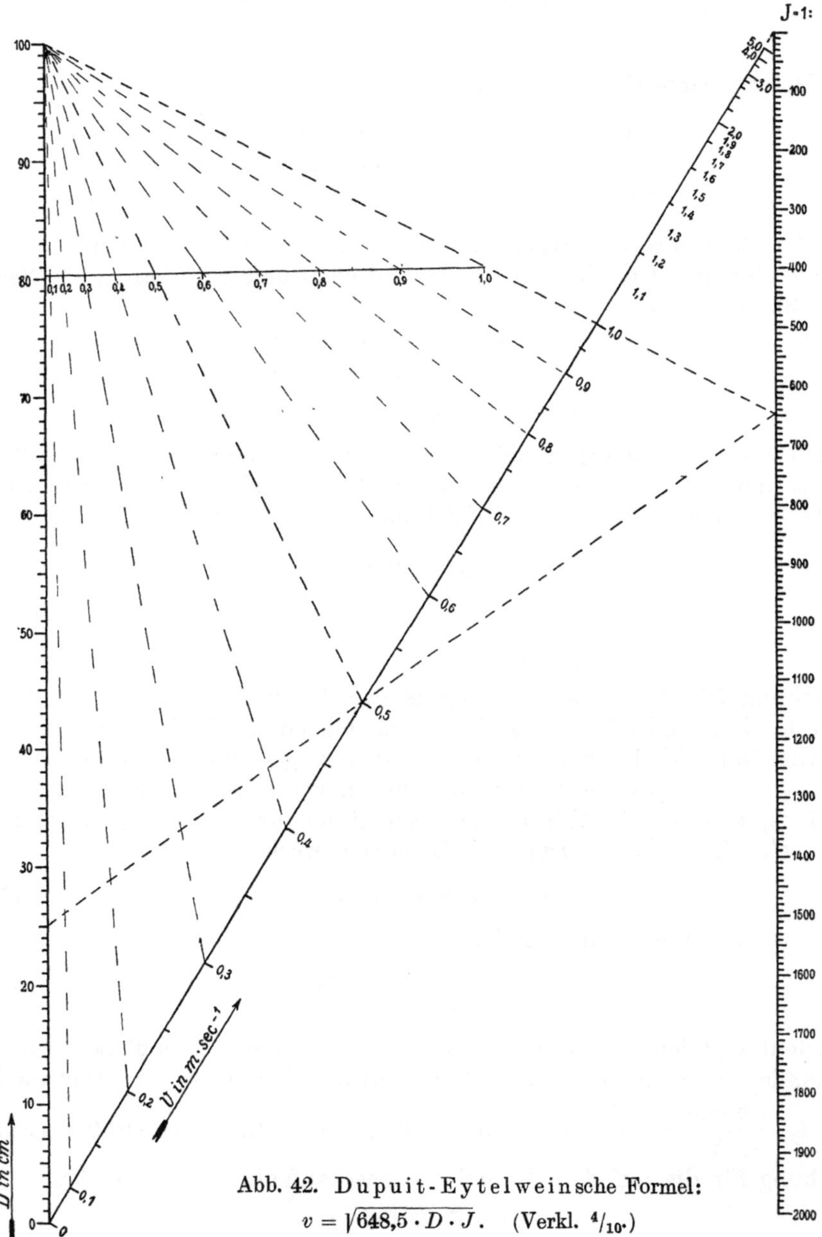

Abb. 42. Dupuit-Eytelweinsche Formel:
$v = \sqrt{648{,}5 \cdot D \cdot J}$.   (Verkl. $^4/_{10}$.)

punkte durch projektive Umformung aus einer Quadratskala gewinnen können. Eine für solche Zwecke geeignete Skala der zweiten Potenzen wird sich gleichfalls in dem mehrfach erwähnten System gedruckter Skalen befinden. Aus der Bedingung, daß für $D = 0$ bei beliebigem J auch die Geschwindigkeit $v = 0$ sein muß, erhalten

wir den mit dem Nullpunkt der Skala (D) zusammenfallenden Nullpunkt der Geschwindigkeitsskala. Für $J = \dfrac{1}{648,5}$ ist $v = + \sqrt{D}$. Verbinden wir daher, wie es
in Abb. 42 durch gestrichelte Gerade geschehen ist, den $J = \dfrac{1}{648,5}$ entsprechenden
Punkt der Skala (J) mit den Punkten $D = 1$ und $D = \tfrac{1}{4}\,\mathrm{m} = 25\,\mathrm{cm}$ durch Gerade,
so bestimmen diese durch ihren Schnitt mit dem Träger der Geschwindigkeitsskala
die den Werten $v = 1$ und $v = \tfrac{1}{2}$ entsprechenden Teilstriche.

Ziehen wir von einem beliebigen Projektionsmittelpunkt aus Strahlen durch
die drei so bestimmten Punkte der Geschwindigkeitsskala, so können wir nach Einpassen einer Skala der zweiten Potenzen alle Teilpunkte dieser Skala durch Projektion auf die Geschwindigkeitsskala übertragen. Dieses bereits früher beschriebene
Verfahren ist in Abb. 42 durch gestrichelte Gerade angedeutet; indessen sei bemerkt,
daß man zweckmäßig die Ausgangsskala — in unserem Falle die Quadratskala —
möglichst groß wählt und daß man auch, wenn dies zur Erlangung günstiger Schnitte
erforderlich ist, für verschiedene Teile der zu entwerfenden Skala verschiedene Pro-
jektionsmittelpunkte annimmt.

Dieselbe Betrachtung, wie sie auf S. 57 angestellt wurde, lehrt uns, daß auch
Gleichungen der Art

$$f_1(z_1) + f_2(z_2) + f_3(z_3) = 0$$

sich durch eine Fluchtlinientafel mit geradlinigen Skalenträgern darstellen lassen,
von denen zwei gleichgerichtet sind.

Während bisher nur geradlinige Skalenträger Verwendung fanden, sollen jetzt
auch **krumme Linien als Skalenträger** verwendet werden. Zunächst betrachten
wir Fluchtlinientafeln mit **zwei gleichgerichteten geraden und einem
krummlinigen Skalenträger.** Hat die durch eine Fluchtlinientafel darzustellende Beziehung die Form

$$f_1(z_1) \cdot f_3(z_3) + f_2(z_2) \cdot g_3(z_3) + h_3(z_3) = 0, \tag{56}$$

so können wir diese auch mit

$$u = l_1 \cdot f_1(z_1)$$

und

$$v = l_2 \cdot f_2(z_2)$$

wie folgt schreiben:

$$\frac{u}{l_1} \cdot f_3(z_3) + \frac{v}{l_2} \cdot g_3(z_3) + h_3(z_3) = 0. \tag{56a}$$

Bei Benutzung des früher näher beschriebenen Cartesischen Bezugsystems ergeben
die Gleichungen 44 und 44a als Bezugsgrößen x und y der den einzelnen z_3-Werten
entsprechenden und im Linienbezugsystem durch Gleichung 56a festgelegten Punkte

$$x = -\,\delta\,\frac{\dfrac{f_3(z_3)}{l_1} - \dfrac{g_3(z_3)}{l_2}}{\dfrac{f_3(z_3)}{l_1} + \dfrac{g_3(z_3)}{l_2}}$$

$$= \delta\,\frac{l_1 \cdot g_3(z_3) - l_2 \cdot f_3(z_3)}{l_1 \cdot g_3(z_3) + l_2 \cdot f_3(z_3)}$$

$$y = -\,\frac{h_3(z_3)}{\dfrac{g_3(z_3)}{l_2} + \dfrac{f_3(z_3)}{l_1}}$$

$$= -\,\frac{l_1 \cdot l_2 \cdot h_3(z_3)}{l_1 \cdot g_3(z_3) + l_2 \cdot f_3(z_3)}\,.$$

Setzen wir in Gleichung 56: $f_1(z_1) = q$, $f_3(z_3) = 1$, $f_2(z_2) = p$, $g_3(z_3) = z$ und $h_3(z_3) = z^m$ ein, so geht diese über in den Sonderfall

$$z^m + p \cdot z + q = 0, \tag{57}$$

der sich somit gleichfalls durch eine Fluchtlinientafel mit einem krummlinigen Skalenträger darstellen läßt.

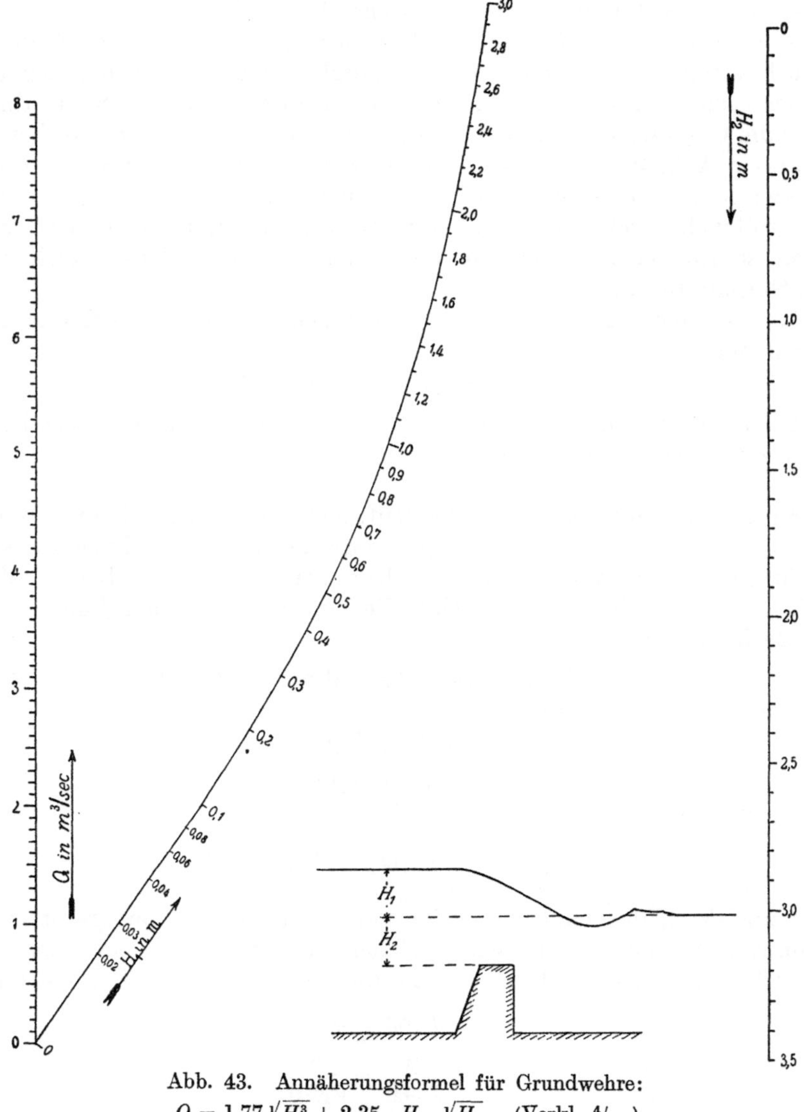

Abb. 43. Annäherungsformel für Grundwehre:
$Q = 1{,}77\,\sqrt{H_1^3} + 2{,}35 \cdot H_2 \cdot \sqrt{H_1}.$ (Verkl. $^4/_{10}$.)

Bei der Berechnung von Grundwehren nach Wex findet die Annäherungsformel

$$Q = 1{,}77 \cdot B \sqrt{H_1^3} + 2{,}35 \cdot B \cdot H_2 \sqrt{H_1} \tag{XXXIV}$$

häufig Anwendung (s. Weyrauch: Hydraulisches Rechnen, 4. u. 5. Aufl., S. 184). In ihr bedeuten Q die sekundliche Wassermenge in Raummetern, B die Breite des Wehres, H_1 die Höhe des Oberwasserspiegels über dem Unterwasserspiegel und H_2 die Höhe des letzteren über dem Wehrrücken. In Abb. 43 ist die Fluchtlinientafel für diese Beziehung dargestellt, wenn die Wehrbreite $B = 1$ m gesetzt wird. Alsdann läßt sich Gleichung XXXIV auf die Form

$$Q - 2{,}35 \cdot H_2 \cdot H_1^{1/2} - 1{,}77 \cdot H_1^{3/2} = 0$$

oder

$$Q + (- 2{,}35 \cdot H_2) \cdot H_1^{1/2} + (- 1{,}77 \cdot H_1^{3/2}) = 0 \qquad \text{(XXXIV a)}$$

bringen. Die Schreibweise XXXIV a wurde gewählt, um anzudeuten, daß wir das negative Vorzeichen des zweiten Gliedes als zu $2{,}35 \cdot H_2$ gehörig betrachten, so daß $H_1^{1/2}$ positiv bleibt, wodurch erreicht wird, daß die Skala für H_1 zwischen die U- und V-Achse fällt. Wir wählen $l_1 = 40$ mm, $l_2 = \dfrac{100}{2{,}35} = 42{,}55$ mm, $\delta = 21{,}28$ mm und setzen

$$u = l_1 \cdot Q = 40 \cdot Q ,$$
$$v = l_2 \cdot (- 2{,}35 \cdot H_2) = - 100 \cdot H_2,$$

so daß wir als Gleichung für die einzelnen Punkte des krummlinigen Skalenträgers erhalten

$$\frac{u}{l_1} + \frac{v}{l_2} H_1^{1/2} - 1{,}77 \cdot H_1^{3/2} = 0$$

oder

$$u \cdot l_2 + v \cdot l_1 \cdot H_1^{1/2} - l_1 \cdot l_2 \cdot 1{,}77 \cdot H_1^{3/2} = 0 . \qquad \text{(XXXIV b)}$$

Im Cartesischen Bezugsystem treten an die Stelle der Gleichung XXXIV a die beiden Gleichungen

$$x = \delta \frac{l_1 \cdot H_1^{1/2} - l_2}{l_1 \cdot H_1^{1/2} + l_2} = 21{,}275 \frac{40 \cdot H_1^{1/2} - 42{,}55}{40 \cdot H_1^{1/2} + 42{,}55} ,$$

$$y = \frac{l_1 \cdot l_2 \cdot 1{,}77 \cdot H_1^{3/2}}{l_1 \cdot H_1^{1/2} + l_2} = \frac{3012 \cdot H_1^{3/2}}{40 \cdot H_1^{1/2} + 42{,}55} .$$

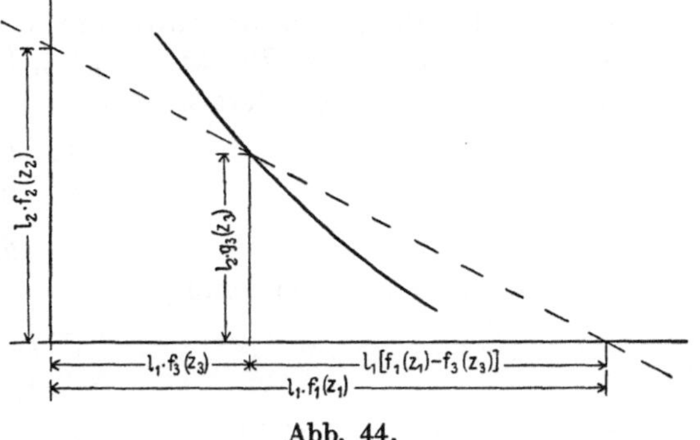

Abb. 44.

Das Verhältnis der in Richtung der X-Achse gemessenen Abstände eines Punktes (x, y) von der U- und V-Achse ist nach Gleichung 45

$$- \frac{b}{a} = - \frac{l_1}{l_2} H_1^{1/2} .$$

Da dieses Verhältnis für die zwischen der U- und V-Achse gelegenen Punkte stets negativ ist, mußten wir oben dafür Sorge tragen, daß das negative Vorzeichen des zweiten Gliedes der Gleichung XXXIV a zum Ausdruck $2{,}35 \cdot H_2$ geschlagen wurde.

Manchmal lassen sich gegebene Beziehungen zwischen z_1, z_2 und z_3 leichter auf die Form

$$\frac{f_3(z_3)}{f_1(z_1)} + \frac{g_3(z_3)}{f_2(z_2)} = 1 \qquad (58)$$

als auf die der Gleichung 56 bringen. Tragen wir — wie in Abb. 44 skizziert — auf den beiden Achsen eines recht- oder schiefwinkligen Cartesischen Bezugsystems die durch $x = l_1 \cdot f_1(z_1)$ und durch $y = l_2 \cdot f_2(z_2)$ bestimmten Funktionsskalen auf und zeichnen wir die Skala der z_3-Werte mit Hilfe der Bedingung, daß einem Werte z_3 der Kurvenpunkt mit den Bezugsgrößen

$$x = l_1 \cdot f_3(z_3)$$
$$\text{und} \quad y = l_2 \cdot g_3(z_3)$$

zukommt, so können wir ohne weiteres der Abb. 44 entnehmen, daß sich verhält

$$\frac{l_1 \cdot f_1(z_1)}{l_1[f_1(z_1) - f_3(z_3)]} = \frac{l_2 \cdot f_2(z_2)}{l_2 \cdot g_3(z_3)}$$

oder

$$\frac{f_1(z_1) - f_3(z_3)}{f_1(z_1)} = \frac{g_3(z_3)}{f_2(z_2)}.$$

Da diese Gleichung nach erfolgter Teilung mit Gleichung 58 übereinstimmt, lehrt uns Abb. 44 eine zweite Art von Fluchtlinientafeln für Beziehungen herzustellen, wie sie durch die Gleichungen 58 bzw. 56 zum Ausdruck gebracht werden. Schließlich sei noch bemerkt, daß die Gleichungen 48 und 54 als Sonderfälle der Gleichung 56 angesehen werden können.

Fluchtlinientafeln, die zur Darstellung der Beziehung

$$f_1(z_1) \cdot f_2(z_2) \cdot f_3(z_3) + [f_1(z_1) + f_2(z_2)] \cdot g_3(z_3) + h_3(z_3) = 0 \qquad (59)$$

dienen, kann man insofern eine besonders eigenartige Gestalt geben, als sich b e i d e S k a l e n (z_1) u n d (z_2) a u f e i n e m u n d d e m s e l b e n K r e i s e anordnen lassen. Da wir es hier nicht mehr mit gleichgerichteten Skalenträgern zu tun haben, bedienen wir uns zur Untersuchung eines rechtwinkligen C a r t e s i s c h e n Bezugsystems. Die Gleichungen von Geraden, die durch die Punkte (x_1, y_1), (x_2, y_2) und (x_3, y_3) gehen, lauten alsdann

$$a_1 x_1 + b_1 y_1 + 1 = 0,$$
$$a_2 x_2 + b_2 y_2 + 1 = 0,$$
$$a_3 x_3 + b_3 y_3 + 1 = 0,$$

und die Bedingung dafür, daß diese drei Geraden zusammenfallen oder mit anderen Worten, daß die drei Punkte (x_1, y_1), (x_2, y_2) und (x_3, y_3) auf einer Geraden liegen, besteht in folgender Determinante

$$\begin{vmatrix} x_1 & y_1 & 1 \\ x_2 & y_2 & 1 \\ x_3 & y_3 & 1 \end{vmatrix} = 0. \qquad (60)$$

Setzen wir nun in Gleichung 59

$$\left. \begin{array}{l} x = f_1(z_1) \cdot f_2(z_2) \\ y = f_1(z_1) + f_2(z_2) \end{array} \right\} \qquad (61)$$

ein, so geht sie über in

$$x \cdot f_3(z_3) + y \cdot g_3(z_3) + h_3(z_3) = 0. \qquad (59\,\text{a})$$

Dazu erhalten wir aus den Gleichungen 61 die beiden Beziehungen

$$x - y \cdot f_1(z_1) + f_1^2(z_1) = 0 \qquad (59\,\text{b})$$
$$\text{und} \quad x - y \cdot f_2(z_2) + f_2^2(z_2) = 0.$$

Die Gleichungen 59b und 59a ersetzen die Gleichung 59, die sich daher in Form folgender Determinante schreiben läßt

$$\begin{vmatrix} 1 & -f_1(z_1) & f_1^2(z_1) \\ 1 & -f_2(z_2) & f_2^2(z_2) \\ f_3(z_3) & g_3(z_3) & h_3(z_3) \end{vmatrix} = 0. \qquad (62)$$

Die Determinante 62 ändert ihren Wert nicht, wenn wir zunächst die erste Kolonne zur letzten hinzuzählen und die zweite Kolonne mit -1 vervielfachen, so daß wir erhalten

$$\begin{vmatrix} 1 & f_1(z_1) & 1 + f_1^2(z_1) \\ 1 & f_2(z_2) & 1 + f_2^2(z_2) \\ f_3(z_3) & -g_3(z_3) & f_3(z_3) + h_3(z_3) \end{vmatrix} = 0 \qquad (62\,\text{a})$$

und alsdann sämtliche Zeilen mit dem reziproken Werte des letzten Elementes jeder
Zeile vervielfachen, wodurch die Determinante 62a übergeht in

$$\begin{vmatrix} \dfrac{1}{1 + f_1^2(z_1)} & \dfrac{f_1(z_1)}{1 + f_1^2(z_1)} & 1 \\[2ex] \dfrac{1}{1 + f_2^2(z_2)} & \dfrac{f_2(z_2)}{1 + f_2^2(z_2)} & 1 \\[2ex] \dfrac{f_3(z_3)}{f_3(z_3) + h_3(z_3)} & \dfrac{-g_3(z_3)}{f_3(z_3) + h_3(z_3)} & 1 \end{vmatrix} = 0 . \tag{62 b}$$

Wie wir oben gesehen haben, besagt die Determinante 62b einerseits, daß die drei
Punkte

$$x = \frac{1}{1 + f_1^2(z_1)} ; \qquad y = \frac{f_1(z_1)}{1 + f_1^2(z_1)} ;$$

$$x = \frac{1}{1 + f_2^2(z_2)} ; \qquad y = \frac{f_2(z_2)}{1 + f_2^2(z_2)} ; \tag{63}$$

$$x = \frac{f_3(z_3)}{f_3(z_3) + h_3(z_3)} ; \quad y = \frac{-g_3(z_3)}{f_3(z_3) + h_3(z_3)}$$

auf einer Geraden liegen, andererseits besagt sie, daß zwischen $f_1(z_1)$, $f_2(z_2)$, $f_3(z_3)$,
$g_3(z_3)$ und $h_3(z_3)$ der durch Gleichung 59 zum Ausdruck gebrachte Zusammenhang
besteht. Gleichung 63 läßt uns erkennen, daß $f_1(z_1)$
und $f_2(z_2)$ einen gemeinsamen Skalenträger besitzen, der
bestimmt ist durch

$$x^2 + y^2 = \frac{1 + f^2(z)}{[1 + f^2(z)]^2} = \frac{1}{1 + f^2(z)} = x . \tag{64}$$

Diese Gleichung stellt einen Kreis vom Durchmesser 1
mit dem Mittelpunkt $x = \frac{1}{2}$, $y = 0$ dar (s. Abb. 45). Zu
dieser von Soreau gefundenen Art von Fluchtlinientafeln hat d'Ocagne ein Verfahren erdacht, welches
gestattet, die Skalen (z_1) und (z_2) rasch auf den Kreis
aufzutragen, wenn die $f_1(z_1)$- und $f_2(z_2)$-Skalen gegeben
sind. Das Verfahren geht aus Abb. 45 hervor.

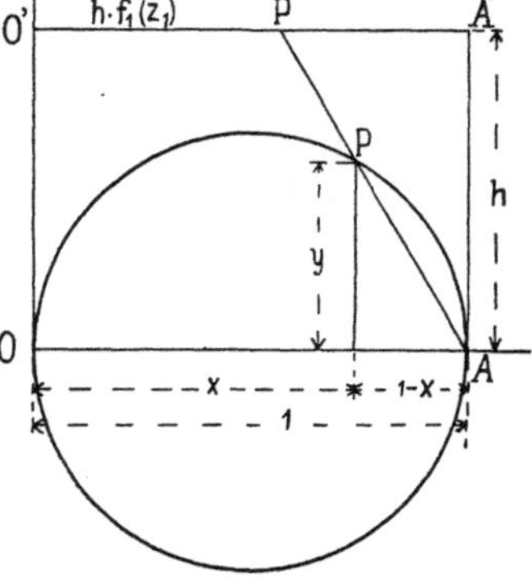

Abb. 45.

Tragen wir auf einer Geraden $A'O'$, welche in dem mit
dem Kreisdurchmesser als Einheit gemessenen beliebigen
Abstande h von der X-Achse mit dieser gleichgerichtet verläuft, die Skala der
Funktion $f_1(z_1)$ mit h als Einheit von A' aus auf und ziehen wir durch den z_1^0 entsprechenden Punkt P' dieser Skala die Gerade AP', so schneidet diese den durch
Gleichung 64 bestimmten Kreis im Punkte P. Bezeichnen wir die Bezugsgrößen
dieses Punktes mit x und y, so verhält sich

$$\frac{A'P'}{h} = -f_1(z_1^0) = -\frac{1-x}{y}$$

oder
$$1 - x = y \cdot f_1(z_1^0) .$$

Diese Gleichung ergibt jedoch zusammen mit der Gleichung 64 des Skalenträgers
für die Bezugsgrößen x und y dieselben Werte wie Gleichung 63, d. h. die Verbin-
dungsgeraden des Punktes A mit den einzelnen Teilpunkten der $f_1(z_1)$-Skala bestimmen
durch ihren Schnitt mit dem Kreise die entsprechenden Punkte der kreisförmigen
Skala (z_1). Entsprechend wird auch die Skala (z_2) auf demselben Kreise entworfen.
Die Skala (z_3) errechnet sich aus der dritten der Gleichungen 63.

Als Beispiel haben wir in Abb. 46 die Beziehung

$$k = \frac{87}{1 + \dfrac{c}{\sqrt{R}}} \qquad\qquad \text{(XXXV)}$$

dargestellt, die nach Bazin zwischen dem Rauhigkeitsbeiwert k, dem hydraulischen Halbmesser R des Gerinnes und einem von der Art des Gerinnes abhängigen Beiwert c besteht. Wir schreiben die Gleichung XXXV in der Form

$$- c \cdot \frac{1}{\sqrt{R}} \cdot k + (87 - k) = 0, \qquad\qquad \text{(XXXV a)}$$

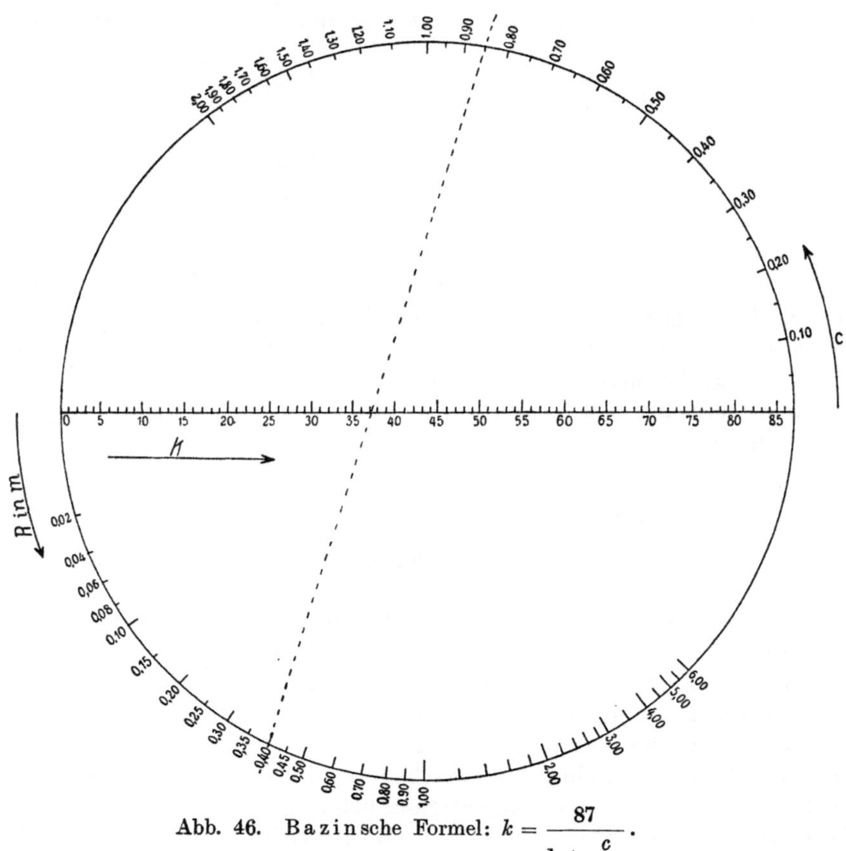

Abb. 46. Bazinsche Formel: $k = \dfrac{87}{1 + \dfrac{c}{\sqrt{R}}}$.

die mit Gleichung 59 übereinstimmt, wenn wir setzen:

$$f_1(z_1) = c, \quad f_2(z_2) = \frac{-1}{\sqrt{R}}; \quad f_3(z_3) = k; \quad g_3(z_3) = 0 \text{ und } h_3(z_3) = 87 - k.$$

Mit diesen Werten lautet die Determinante 62b

$$\begin{vmatrix} \dfrac{1}{1+c^2} & \dfrac{c}{1+c^2} & 1 \\[2ex] \dfrac{R}{1+R} & \dfrac{-\sqrt{R}}{1+R} & 1 \\[2ex] \dfrac{k}{87} & 0 & 1 \end{vmatrix} = 0 \qquad\qquad \text{(XXXV b)}$$

und es läßt sich die Lage der einzelnen Punkte der Skalen (c), (R) und (k) entweder aus den Beziehungen

$$x = \frac{1}{1 + c^2}, \qquad y = \frac{c}{1 + c^2},$$

$$x = \frac{R}{1 + R}, \qquad y = \frac{-\sqrt{R}}{1 + R},$$

$$x = \frac{k}{87}, \qquad y = 0$$

errechnen oder, wie oben beschrieben, durch projektive Umformung aus regelmäßigen Skalen bzw. der $\dfrac{1}{\sqrt{R}}$-Skala gewinnen. In Abb. 46 ist durch die gestrichelte Gerade ein Beispiel angedeutet, aus dem hervorgeht, daß den Werten $R = 0,40$ m und $c = 0,85$ (Erdkanäle mit gepflasterten Böschungen) der Reibungsbeiwert $k = 37,1$ zukommt.

Soll die Genauigkeit einer Fluchtlinientafel erhöht werden, ohne daß die Abmessungen der Tafel vergrößert werden, so steht uns im Absetzen der Skalen ein Mittel zur Verfügung, um diesen Zweck zu erreichen. Zur Erläuterung des Verfahrens nehmen wir an, es sei die zwischen den Veränderlichen z_1, z_2 und z_3 bestehende Beziehung für Werte $l < z_1 < n$ und $p < z_2 < r$ darzustellen. m und q seien Werte von z_1 bzw. z_2, die zwischen l und n bzw. zwischen p und r gelegen sind. Wir zeichnen nun, wie in Abb. 47 skizziert, auf die linke Seite des Skalenträgers I die Skala (1) für Werte $l < z_1 < m$ und auf die linke Seite des Skalenträgers II die gleichfalls

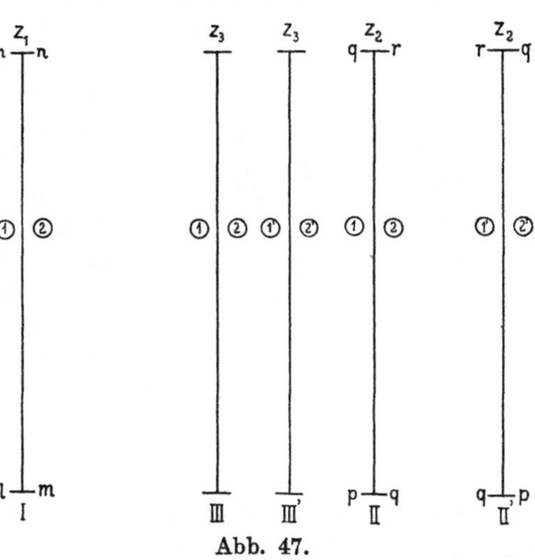
Abb. 47.

mit (1) bezeichnete Skala der Werte $p < z_2 < q$ auf. Diesen beiden Skalen entspricht die ebenfalls auf der linken Seite des Skalenträgers III angebrachte Skala (1) der z_3-Werte. Sodann tragen wir auf den rechten Seiten der Skalenträger I und II die mit (2) bezeichneten Skalen für Werte $m < z_1 < n$ und $q < z_2 < r$ auf und versehen die rechte Seite des Skalenträgers III mit der Skala (2) der entsprechenden z_3-Werte. Um auch für Wertepaare $(l < z_1 < m,\ q < z_2 < r)$ und $(m < z_1 < n,\ p < z_2 < q)$ die entsprechenden z_3-Werte bestimmen zu können, tragen wir auf einer Skala II' links die mit (1') bezeichnete Skala der Werte $q < z_2 < r$, rechts die Skala (2') der Werte $p < z_2 < q$ auf und versehen die rechte und die linke Seite des entsprechenden Skalenträgers III' mit den Skalen (1') und (2') der zugehörigen z_3-Werte. Beim Gebrauch gehören alsdann stets nur die rechten oder nur die linken Seiten der Skalenträger zusammen; außerdem ergibt sich folgendes System zusammengehöriger Skalen:

Skalenträger:	I	II	II′	III	III′
Skala:	1	1	—	1	—
	1	—	1′	—	1′
	2	2	—	2	—
	2	—	2′	—	2′

Die Übersichtlichkeit derartiger Fluchtlinientafeln mit abgesetzten Skalen kann durch Verwendung verschiedenfarbiger Tuschen stark erhöht werden. Anstatt die

z_1- und z_2-Skala in zwei Teile zu teilen, hätten wir sie natürlich auch beliebig oft absetzen können. Das Verfahren bleibt dasselbe, aber die Übersichtlichkeit der Tafel leidet bei zu oft erfolgender Absetzung der einzelnen Skalen.

C. Rechentafeln mit Punkten gleichen Abstandes. Rechenschieber.

Außer den bisher besprochenen gibt es noch eine ganze Reihe von Rechentafeln zur Darstellung der zwischen drei Veränderlichen bestehenden Beziehungen. Von diesen seien nur noch die **Rechentafeln mit Punkten gleichen Abstandes** erwähnt, obwohl auch ihnen bei weitem nicht dieselbe Bedeutung zukommt wie den Tafeln, mit denen wir uns bis jetzt beschäftigt haben. Das Wesen der nun zu besprechenden Tafeln besteht darin, daß ein um den Punkt z_1 der Skala (z_1) als Mittelpunkt geschlagener Kreis, der durch den Punkt z_2 der Skala (z_2) hindurchgeht, durch seinen Schnitt mit der Skala (z_3) einen Wert z_3 bestimmt, welcher zusammen mit den Werten z_1 und z_2 der Gleichung Genüge leistet, für welche die Rechentafel gezeichnet ist.

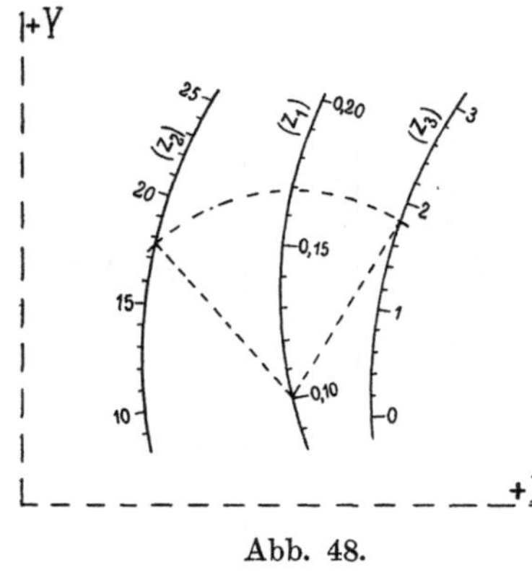

Abb. 48.

Wir brauchen daher nur, wie in Abb. 48 angedeutet, eine Zirkelspitze im Punkte z_1, die andere im Punkte z_2 einzusetzen und alsdann durch Drehen um z_1 den Punkt z_3 zu bestimmen, der von z_1 denselben Abstand wie z_2 hat. Ein Nachteil dieser Tafeln besteht darin, daß umgekehrt bei gegebenem z_2- und z_3-Wert nicht ohne weiteres der zugehörige Wert von z_1 bestimmt werden kann. Die drei Skalen (z_1), (z_2) und (z_3) seien festgelegt durch die drei Gleichungspaare

$$\left.\begin{array}{ll} x_1 = f_1(z_1); & y_1 = g_1(z_1); \\ x_2 = f_2(z_2); & y_2 = g_2(z_2); \\ x_3 = f_3(z_3); & y_3 = g_3(z_3). \end{array}\right\} \qquad (65)$$

Aus obiger Beschreibung des Wesens der Rechentafeln mit Punkten gleichen Abstandes folgt, daß zwischen den Bezugsgrößen $(x_1 y_1)$, $(x_2 y_2)$ und $(x_3 y_3)$ dreier zusammengehöriger Punkte die Gleichung

$$(x_2 - x_1)^2 + (y_2 - y_1)^2 = (x_3 - x_1)^2 + (y_3 - y_1)^2 \qquad (66)$$

oder

$$x_2^2 + y_2^2 - x_3^2 - y_3^2 - 2 x_1 (x_2 - x_3) - 2 y_1 (y_2 - y_3) = 0 \qquad (66a)$$

bestehen muß. Nach Einsetzen der Werte 65 in diese Gleichungen sehen wir, daß der Rechentafel die Beziehung

$$[f_2(z_2) - f_1(z_1)]^2 + [g_2(z_2) - g_1(z_1)]^2 = [f_3(z_3) - f_1(z_1)]^2 + [g_3(z_3) - g_1(z_1)]^2 \qquad (67)$$

oder

$$f_2^2(z_2) + g_2^2(z_2) - f_3^2(z_3) - g_3^2(z_3) - 2 \cdot f_1(z_1)[f_2(z_2) - f_3(z_3)] - 2 \cdot g_1(z_1) \cdot [g_2(z_2) - g_3(z_3)] = 0$$

zugrunde liegt. Für Gleichungen dieser allgemeinen Form wird die Tafel wohl nur selten entworfen werden. Setzen wir dagegen $f_2(z_2) = 0$ und $g_1(z_1) = 0$, so erhalten wir den öfters vorkommenden Sonderfall

$$g_2^2(z_2) - f_3^2(z_3) - g_3^2(z_3) + 2 \cdot f_1(z_1) \cdot f_3(z_3) = 0, \qquad (68)$$

der sich mit

$$\varphi_1(z_1) = 2 f_1(z_1),$$
$$\varphi_2(z_2) = g_2^2(z_2),$$
$$\frac{\varphi_3(z_3)}{\chi_3(z_3)} = f_3(z_3),$$
$$\frac{\psi_3(z_3)}{\chi_3(z_3)} = -[f_3^2(z_3) + g_3^2(z_3)]$$

weiterhin vereinfacht zu der schon besprochenen Form

$$\varphi_1(z_1) \cdot \varphi_3(z_3) + \varphi_2(z_2) \cdot \chi_3(z_3) + \psi_3(z_3) = 0 \,. \tag{69}$$

Setzen wir ferner $\varphi_3(z_3) = \chi_3(z_3)$, so läßt sich Gleichung 69 auf die gleichfalls schon öfters behandelte Form

$$\varphi_1(z_1) + \varphi_2(z_2) + \Phi_3(z_3) = 0 \tag{70}$$

bringen.

Der Erfinder dieser Art von Rechentafeln ist N. Gercevanoff. D'Ocagne, dessen Darstellung des Verfahrens wir uns im wesentlichen angeschlossen haben, gibt in seinem Calcul graphique et nomographie als Beispiel eine zur Lösung der Gleichung $z^2 + p \cdot z - q = 0$ bestimmte Rechentafel mit Punkten gleichen Abstandes[1]).

Zu erwähnen sind hier noch die als **Rechenstäbe** bekannten Rechentafeln mit beweglichen Skalen. Die Rechenstäbe, auch Rechenschieber genannt, befinden sich heute in der Hand eines jeden Ingenieurs; das ihnen zugrunde liegende Prinzip ist bekannt, es soll daher nicht näher auf sie eingegangen werden. Um einen Anhalt zu bekommen über die Genauigkeit, mit der die Skalenteilung durchgeführt ist, untersuchte ich einen von A. W. Faber stammenden, im Jahre 1906 gekauften Rechenschieber von 26 cm Länge mit Hilfe eines Abbeschen Komparators. Im allgemeinen hielten sich die Teilungsfehler unter 20/1000 mm, der größte auftretende Fehler betrug 37/1000 mm. Die Genauigkeit der Skalenteilung ist daher als für unsere Zwecke hervorragend gut zu bezeichnen. Es gibt kaum ein Gebiet der Ingenieurswissenschaften, für das nicht Sonderrechenstäbe hergestellt worden sind. Für wasserbautechnische Zwecke sind zu nennen: Der Rechenstab für Fluß- und Kanalbau von Dipl.-Ing. Kaumann, der logarithmische Kanalisationsrechenstab von Dipl.-Ing. Vicari sowie der logarithmische Kanalisationsrechenstab von Dr -Ing. Mannes.

V. Gezeichnete Rechentafeln für Gleichungen mit vier und mehr Veränderlichen.

A. Rechentafeln mit Linienkreuzung.

Wir haben uns bisher ausschließlich mit Rechentafeln beschäftigt, die zur Darstellung der zwischen zwei und drei Veränderlichen bestehenden Beziehungen dienten. Da es sich beim Entwurf von Rechentafeln für vier und mehr Veränderliche zumeist lediglich um eine zweckmäßige Verbindung der bisher besprochenen Tafeln bzw. Tafelsysteme handelt, können wir uns bei der Beschreibung der nun zu behandelnden Rechentafeln wesentlich kürzer fassen.

Zunächst beschäftigen wir uns mit den durch die **Verbindung von mehreren Cartesischen oder beliebigen ebenen Bezugsystemen** entstehenden Rechentafeln.

Es sei durch eine Tafel die Beziehung

$$F\left[f_{1,\,2}(z_1, z_2); \; f_{3,\,4}(z_3, z_4); \; z_5\right] = 0 \tag{71}$$

darzustellen. Setzen wir

$$y = l_2 \cdot f_{1,\,2}(z_1, z_2)$$

und

$$x = l_1 \cdot f_{3,\,4}(z_3, z_4), \tag{72}$$

so geht die Gleichung 71 über in

$$F\left(\frac{y}{l_2}, \; \frac{x}{l_1}, \; z_5\right) = 0 \,. \tag{71a}$$

---

[1]) In der Zeitschrift für angewandte Mathematik und Mechanik, Band 3, 1923, Seite 36 schreibt Studienrat P. Luckey über einen allgemeineren Typus derartiger Rechentafeln, die er „Stechzirkel-Nomogramme" nennt.

Diese Gleichung läßt sich genau so deuten wie die Gleichung 15a; jedem Wert von z_5 entspricht eine L-Linie, und es läßt sich nach Entwurf der entsprechenden Cartesischen Rechentafel dieser stets der zu einem bestimmten Wertepaar (x, y) gehörige z_5-Wert entnehmen. In Teiltafel III der Abb. 49 ist das geschehen.

Um den Zusammenhang zwischen y, z_1 und z_2 sowie zwischen x, z_3 und z_4 zu erhalten, schreiben wir die Gleichungen 72 in der Form

$$g\left(\frac{y}{l_2};\ f_1(z_1);\ z_2\right) = 0 \tag{72a}$$

und

$$h\left(\frac{x}{l_1};\ f_3(z_3);\ z_4\right) = 0$$

oder, indem wir

$$\xi = l_I\,f_1(z_1) \tag{73}$$

und
$$\eta = l_{II}\,f_3(z_3) \quad \text{einsetzen, in die Form}$$

$$g\left(\frac{y}{l_2};\ \frac{\xi}{l_I};\ z_2\right) = 0 \tag{72b}$$

und

$$h\left(\frac{x}{l_1};\ \frac{\eta}{l_{II}};\ z_4\right) = 0\,.$$

Im Anschluß an die Teiltafel III können wir nun unter Beachtung der Gleichungen 73 die durch die Gleichungen 72b bestimmten Teiltafeln I und II mit den Achsen ξ, y und η, x entwerfen. Auf Grund obiger Entwicklung gestaltet sich alsdann der Gebrauch der gezeichnet vorliegenden Rechentafel folgendermaßen: Sind die Werte z_1, z_2, z_3, z_4 gegeben und der auf Grund der Gleichung 71 zugehörige Wert z_5 gesucht, so bestimmen die mit z_1 und z_2 sowie mit z_3 und z_4 bezifferten Linien durch ihren Schnitt je einen Punkt in den Teiltafeln I und II. Die durch diese Punkte hindurchgehenden Geraden x und y schneiden sich in einem Punkte P der Teiltafel III, worauf die Bezifferung der durch diesen Punkt P hindurchgehenden z_5-Linie uns den gesuchten Wert z_5 angibt.

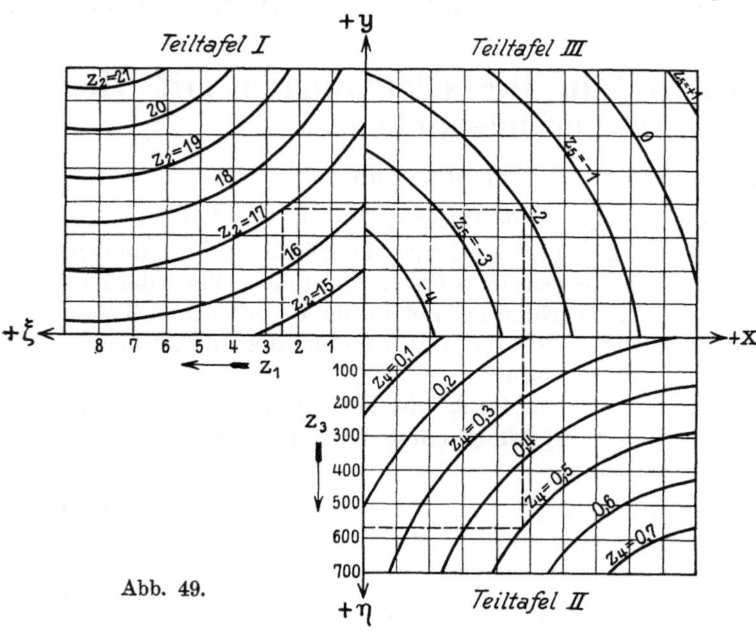

So besagt das in Abb. 49 durch eine gestrichelte Linie eingetragene Beispiel, daß zu den Werten $z_1 = 2{,}5$; $z_2 = 17$; $z_3 = 571$ und $z_4 = 0{,}5$ ein Wert $z_5 = -\,2$ gehört. Für das Verständnis des folgenden ist es vorteilhaft, die soeben beschriebene Rechentafel aufzufassen als gewöhnliche Cartesische Rechentafel mit den Achsen x und y, auf denen sich jedoch an Stelle der bisher aufgetragenen Skalen der Funktion einer Veränderlichen die von je zwei Veränderlichen z_1 und z_2 bzw. z_3 und z_4 abhängigen verdichteten Skalen (x) und (y) befinden. Bewirkt wird diese Verdichtung durch die Teiltafeln I und II, die wir daher hinfort **Verdichtungs-tafeln der verdichteten Geradensysteme** $y = l_2 \cdot f_{1,\,2}\,(z_1, z_2)$ und $x = l_1 \cdot f_{3,\,4}$ (z_3, z_4) bzw. der verdichteten Skalen (x) und (y) nennen wollen.

Liegt nur eine Gleichung

$$f_{1,\,2}\,(z_1, z_2) - f_{3,\,4}\,(z_3, z_4) = 0 \tag{74}$$

zwischen den Veränderlichen z_1, z_2, z_3 und z_4 zur Darstellung in einer Rechentafel vor, so fällt in Abb. 49 die Teiltafel III weg, die x- und y-Achse fallen zusammen und bilden den Träger einer aus zwei verdichteten Skalen zusammengesetzten Doppel-skala (s. S. 21 u. f.). In Abb. 50 ist eine derartige Rechentafel skizziert. Die gestrichelte Linie besagt, daß $z_1 = 3,5$; $z_2 = 1,4$; $z_3 = 0,725$ und $z_4 = 12$ Werte der Veränder-lichen sind, welche die der Tafel zugrunde liegende Gleichung befriedigen. Es ver-steht sich von selbst, daß man sowohl auf die bisher mit Teiltafel III bezeichnete Haupttafel wie auf die Verdichtungstafeln die früher beschriebenen Kunstgriffe nach Möglichkeit anzuwenden versuchen wird, durch welche krummlinige L-Linien in Gerade oder andere leicht zu zeichnende Linien verwandelt werden. An Stelle

des Cartesischen Bezug-systems können wir in Abb. 49 die Verdichtungstafeln natür-lich auch auf beliebige andere Bezugsysteme aufbauen, wie wir sie auch zur Bestimmung der verdichteten Skalen bei anderen als bei Cartesischen Haupttafeln verwenden kön-nen. Einen Schritt weiter kommen wir bei Berücksichti-gung des auf S. 49 mitgeteilten Satzes, wonach wir bei Rechen-tafeln mit Linienkreuzung die zwei Veränderlichen ent-sprechenden Linienscharen ganz beliebig wählen dürfen. Soll nun eine gezeichnete Rechentafel für eine Bezie-

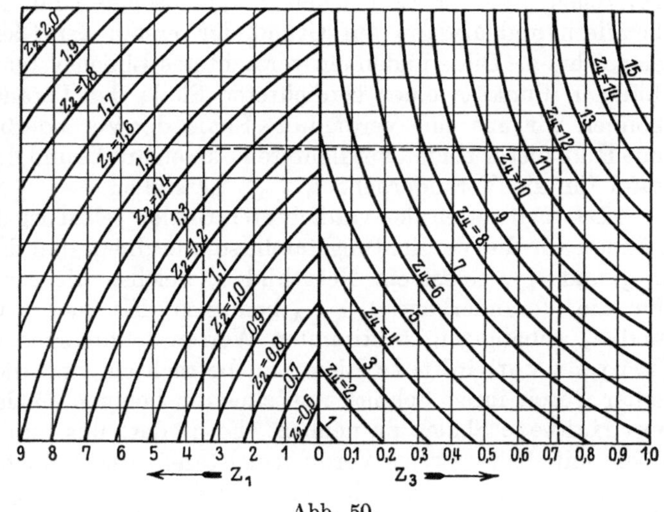

Abb. 50.

hung zwischen drei Veränderlichen hergestellt werden, von denen jede in beliebiger Abhängigkeit von zwei anderen Veränderlichen steht, deren jede wiederum von zwei weiteren Veränderlichen abhängig sein kann usw., so gelten folgende Über-legungen: Eine derartige Gleichung umfasse z. B. 12 Veränderliche und laute

$$F\left\{f_{1,2,3,4}\left[f_{1,\,2}\,(z_1, z_2);\quad f_{3,\,4}\,(z_3, z_4)\right];\quad f_{5,6,7,8}\left[f_{5,\,6}\,(z_5, z_6);\right.\right.$$
$$\left.\left. f_{7,\,8}\,(z_7, z_8)\right];\quad f_{9,10,11,12}\left[f_{9,\,10}\,(z_9, z_{10});\quad f_{11,\,12}\,(z_{11,12})\right]\right\} = 0 . \tag{75}$$

Setzen wir

$$t_{l,m,n,o} = f_{l,m,n,o}\left[f_{l,m}\,(z_l, z_m);\quad f_{n,o}\,(z_n, z_o)\right];$$

worin l, m, n, o vier aufeinander folgende Ziffern bedeuten, so können wir Gleichung 75 als Beziehung zwischen den drei Veränderlichen

$$t_{1,\,2,\,3,\,4}, \; t_{5,\,6,\,7,\,8} \; \text{und} \; t_{9,\,10,\,11,\,12}$$

auch schreiben

$$F\,(t_{1,\,2,\,3,\,4}, \quad t_{5,\,6,\,7,\,8}, \quad t_{9,\,10,\,11,\,12}) = 0. \tag{75a}$$

Setzen wir ferner

$$s_{l,\,m} = f_{l,\,m}\,(z_l, z_m),$$

so können wir jede der Veränderlichen $t_{l,m,n,o}$ in ihrer Abhängigkeit von den beiden Veränderlichen $s_{l,m}$ und $s_{n,o}$ durch folgende Gleichungen darstellen

$$\left.\begin{aligned}
t_{1,2,3,4} &= f_{1,2,3,4}\left[s_{1,2}, s_{3,4}\right], \\
t_{5,6,7,8} &= f_{5,6,7,8}\left[s_{5,6}, s_{7,8}\right], \\
t_{9,10,11,12} &= f_{9,10,11,12}\left[s_{9,10}, s_{11,12}\right],
\end{aligned}\right\} \qquad (75\,\mathrm{b})$$

wobei jede der Veränderlichen $s_{l,m}$ wiederum von den beiden Veränderlichen z_l und z_m nach einem Gesetze abhängig ist, das durch folgende Gleichungen zum Ausdruck kommt

$$\left.\begin{aligned}
s_{1,2} &= f_{1,2}(z_1, z_2), \\
s_{3,4} &= f_{3,4}(z_3, z_4), \\
s_{5,6} &= f_{5,6}(z_5, z_6), \\
s_{7,8} &= f_{7,8}(z_7, z_8), \\
s_{9,10} &= f_{9,10}(z_9, z_{10}), \\
s_{11,12} &= f_{11,12}(z_{11}, z_{12}).
\end{aligned}\right\} \qquad (75\,\mathrm{c})$$

Wir können nun eine Verdichtungstafel für die Veränderlichen z_1 und z_2 dadurch herstellen, daß wir zwei beliebige Linienscharen mit runden Werten von z_1 und z_2 beziffern und alsdann auf Grund der ersten der Gleichungen 75c die $s_{1,2}$-Linien einzeichnen. Diese bilden ein verdichtetes Liniensystem und schneiden jede beliebige Linie in Punkten einer verdichteten Skala der Veränderlichen z_1 und z_2. Ebenso können wir uns eine verdichtete Skala der Veränderlichen z_3 und z_4 schaffen und mit Hilfe dieser beiden verdichteten Skalen auf Grund der Gleichung 75b eine Rechentafel für die Veränderliche $t_{1,2,3,4}$ herstellen.

Das Entwerfen der verdichteten Skalen selbst ist übrigens nicht nötig, vielmehr können wir die Verdichtungstafeln so anordnen, daß die verdichteten Liniensysteme $s_{1,2}$ und $s_{3,4}$ selbst ein Netz bilden, welches wir zur Herstellung der Rechentafel für die Veränderliche $t_{1,2,3,4}$ benutzen. Es ist oft vorteilhaft, die von z_1, z_2, z_3 und z_4 abhängigen, bestimmten Werten t entsprechenden Linien dieser Tafel als doppelt verdichtete Linien zu betrachten, und die Skala, welche diese Linienschar durch ihren Schnitt mit einem beliebigen Skalenträger bestimmt, doppelt verdichtete Skalen zu nennen. Es hindert uns nun nichts, in gleicher Weise wie oben mit Hilfe zweier Verdichtungstafeln die verdichteten Liniensysteme $s_{5,6}$ und $s_{7,8}$ zu entwerfen und in das durch sie entstehende Netz auf Grund der Gleichung 75b die doppelt verdichteten Linien $t_{5,6,7,8}$ einzutragen, wie es in Abb. 51 skizziert ist. Die doppelt verdichteten Linienscharen $t_{1,2,3,4}$ und $t_{5,6,7,8}$ bilden nun wiederum ein Netz, mittels dessen wir durch Eintragung der $t_{9,10,11,12}$-Linien eine Rechentafel für die Gleichung 75a herstellen. Fassen wir die $t_{9,10,11,12}$-Linien auch als doppelt verdichtete Linienschar auf, so können wir sie uns entstanden denken aus den einfach verdichteten Linienscharen $s_{9,10}$ und $s_{11,12}$, die wiederum aus den Verdichtungstafeln der Werte z_9, z_{10} und z_{11}, z_{12} hervorgehen. Das für 12 Veränderliche durch Abb. 51 veranschaulichte Verfahren läßt sich auf eine beliebig große Anzahl von Veränderlichen ausdehnen, sofern diese durch eine Beziehung von der auf S. 77 beschriebenen Art verbunden sind.

Sind beliebig viele Veränderliche durch eine Gleichung von der Art

$$f_1(z_1) + f_2(z_2) + f_3(z_3) + \ldots f_n(z_n) = C \qquad (76)$$

oder

$$g_1(z_1) \cdot g_2(z_2) \cdot g_3(z_3) \ldots g_n(z_n) = K \qquad (77)$$

verbunden, welch letztere sich durch Logarithmieren auf die Form der Gleichung 76 bringen läßt, so können wir uns hierfür Rechentafeln herstellen, die ich wegen der oft zweckmäßigen Form der Anordnung des Rechnungsganges

Mäandertafeln [1])

nennen will. Skizze Abb. 52 wird das Verfahren erläutern. Wir zeichnen eine Achse $O - O$, welche von einer Geraden $A - B$ unter einem beliebigen Winkel geschnitten wird. Darauf beziffern wir nach Wahl eines Moduls l die Punkte der Geraden $A - B$ mit runden Werten von z_1, deren Abstand von der Achse $O - O$ gleich $l \cdot f_1(z_1)$ ist. Je nachdem dabei $f_1(z_1)$ negativ bzw. positiv ist, liegt der mit z_1 bezifferte Punkt rechts bzw. links von der Achse OO. Sodann tragen wir auf einer beliebigen Senkrechten zu OO von ihrem Schnittpunkt mit der Geraden AB als Nullpunkt aus die durch $l \cdot f_2(z_2)$ bestimmte Skala so auf, daß positiven Werten von $f_2(z_2)$ links des Nullpunktes gelegene Skalenpunkte entsprechen und ziehen durch die einzelnen Skalenpunkte mit diesen gleichbezifferte und mit AB gleichgerichtete Gerade.

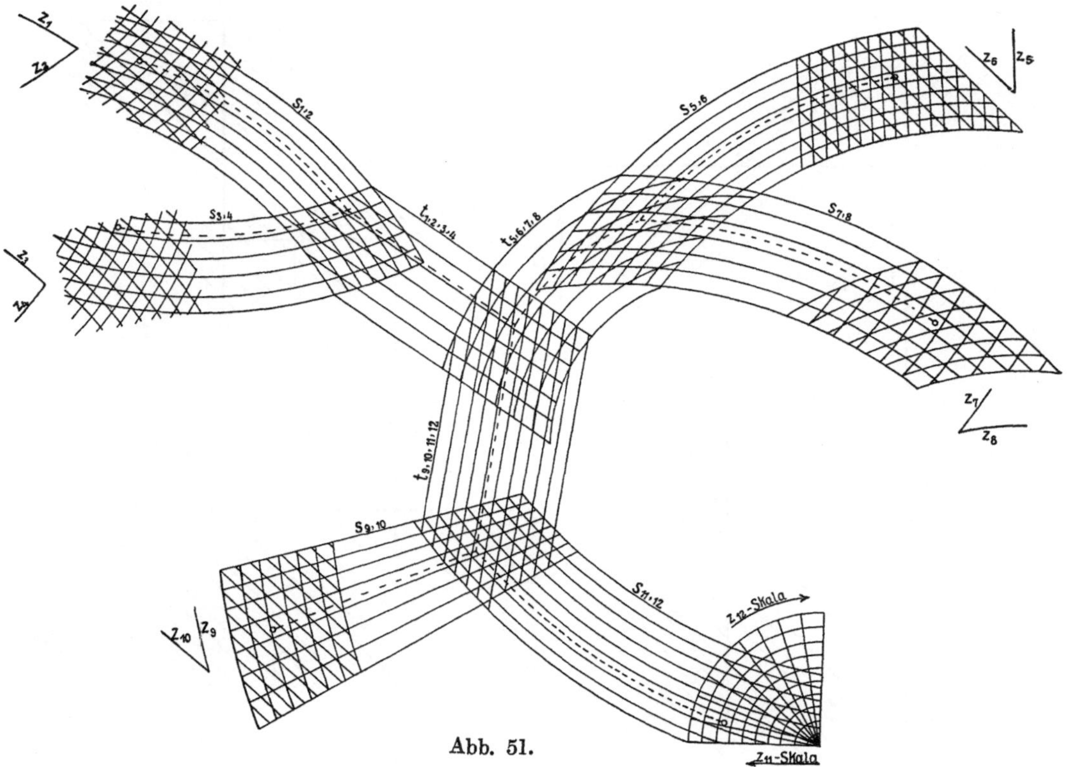

Abb. 51.

Es ist nun ohne weiteres ersichtlich, daß eine z. B. durch den Punkt z_1' gehende Senkrechte zur Achse OO die beispielsweise mit z_2' bezifferte Gerade in einem Punkte P schneidet, dessen mit dem Modul l als Einheit gemessener Abstand von der Achse OO gleich $f_1(z_1') + f_2(z_2')$ ist. Errichten wir nun in einem in Richtung der Geraden OO gelegenen Punkte O' eine zu OO senkrechte Achse $O'O'$ und ziehen wir zu dieser um $45°$ geneigt eine Gerade $O'C$ (zuweilen empfiehlt es sich, an Stelle der skizzierten Geraden die zu $O'O'$ spiegelbildähnlich gelegene Gerade zu verwenden), so wird diese von einer durch den Punkt P mit der Achse OO gleichgerichtet gezogenen Geraden in einem Punkte P' geschnitten, dessen Abstand von der Achse $O'O'$ gleich dem Abstand des Punktes P von der Achse OO gleich $l \cdot [f_1(z_1') + f_2(z_2')]$ ist. Ziehen wir nun weiter gleichgerichtet mit $O'C$ die mit den entsprechenden z_3-Werten be-

---

[1]) Die ersten derartigen Rechentafeln wurden als „graphische Tafeln nach Lacmann" veröffentlicht von Herrn Dr. T. Fischer in seiner Schrift: „Über die Berechnung des räumlichen Rückwärtseinschnittes bei Aufnahmen aus Luftfahrzeugen." Jena 1921. Gustav Fischer.

zifferten Geraden, deren senkrecht zu $O'O'$ gemessenen und in unserem Falle nach unten positiv gerechneten Abstände von $O'C$ gleich $l \cdot f_3(z_3)$ sind, so schneidet die Verlängerung der Linie PP' z. B. die mit z_3' bezifferte Gerade in einem Punkte P'', dessen mit dem Modul l als Einheit gemessener Abstand von der Achse $O'O$ gleich $f_1(z_1') + f_2(z_2') + f_3(z_3')$ ist. Das Verfahren können wir in der durch Abb. 52 an-

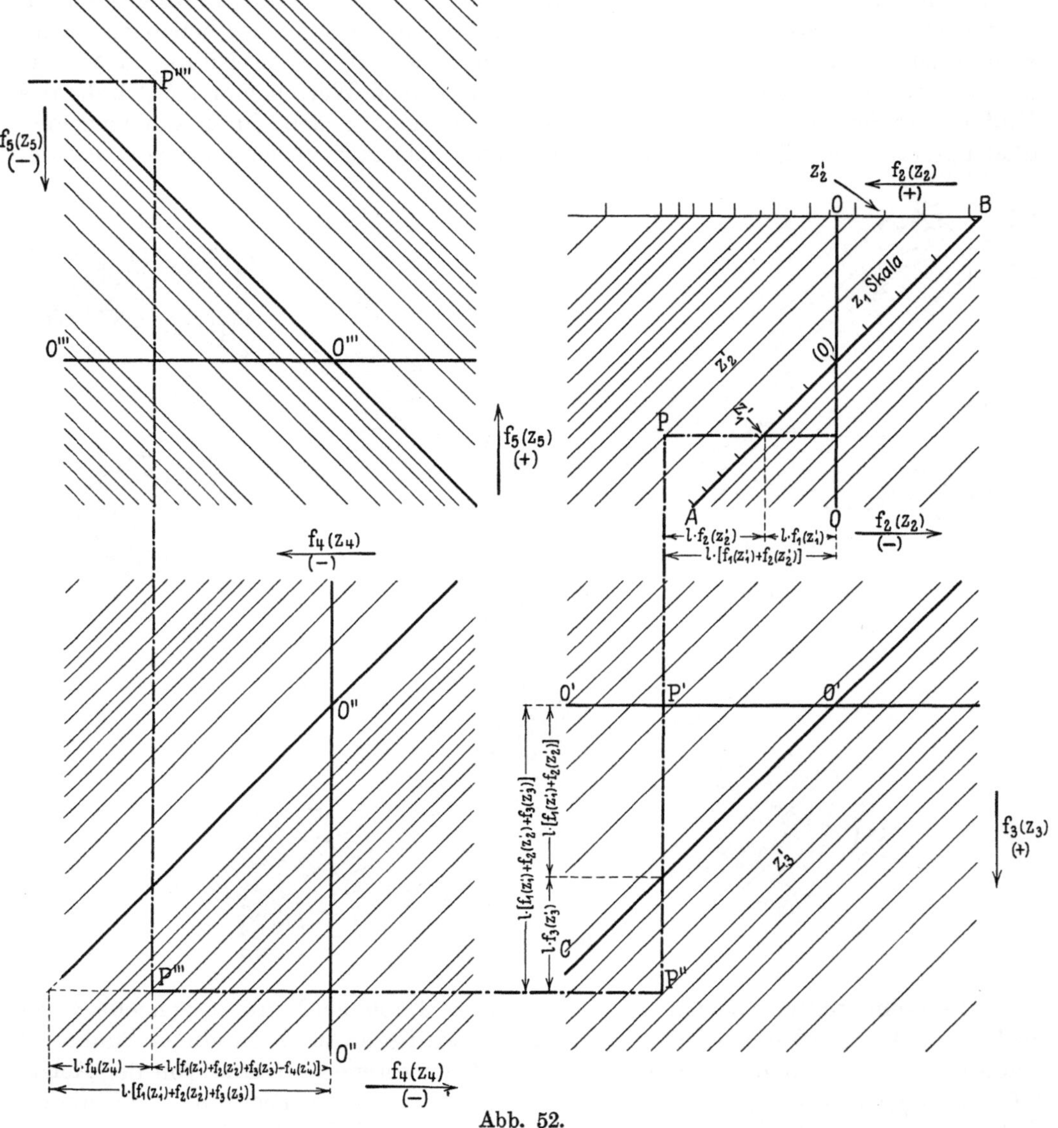

Abb. 52.

gedeuteten Weise beliebig lang fortsetzen. Das unveränderliche Glied C wird am besten mit einem beliebigen veränderlichen Glied $f_r(z_r)$ vereinigt zu $f_r'(z_r) = C + f_r(z_r)$. Da es sich meist um Gleichungen von der Form 77 handeln wird, läßt sich die Herstellung auch dieser Tafeln durch die Verwendung von Streifen mit aufgedruckten Skalen wesentlich beschleunigen. Die Art des Gebrauchs der Mäandertafeln läßt den Entwurf dieser Tafeln auf gekästeltem oder Logarithmen-Papier vorteilhaft erscheinen, wobei die Möglichkeit besteht, die Tafeln so einzurichten, daß alle im Verlauf der Rechnung auftretenden Zwischenwerte am Tafelrand abgelesen werden können, woraus sich zugleich der Einfluß der einzelnen Veränderlichen auf das Resultat ergibt.

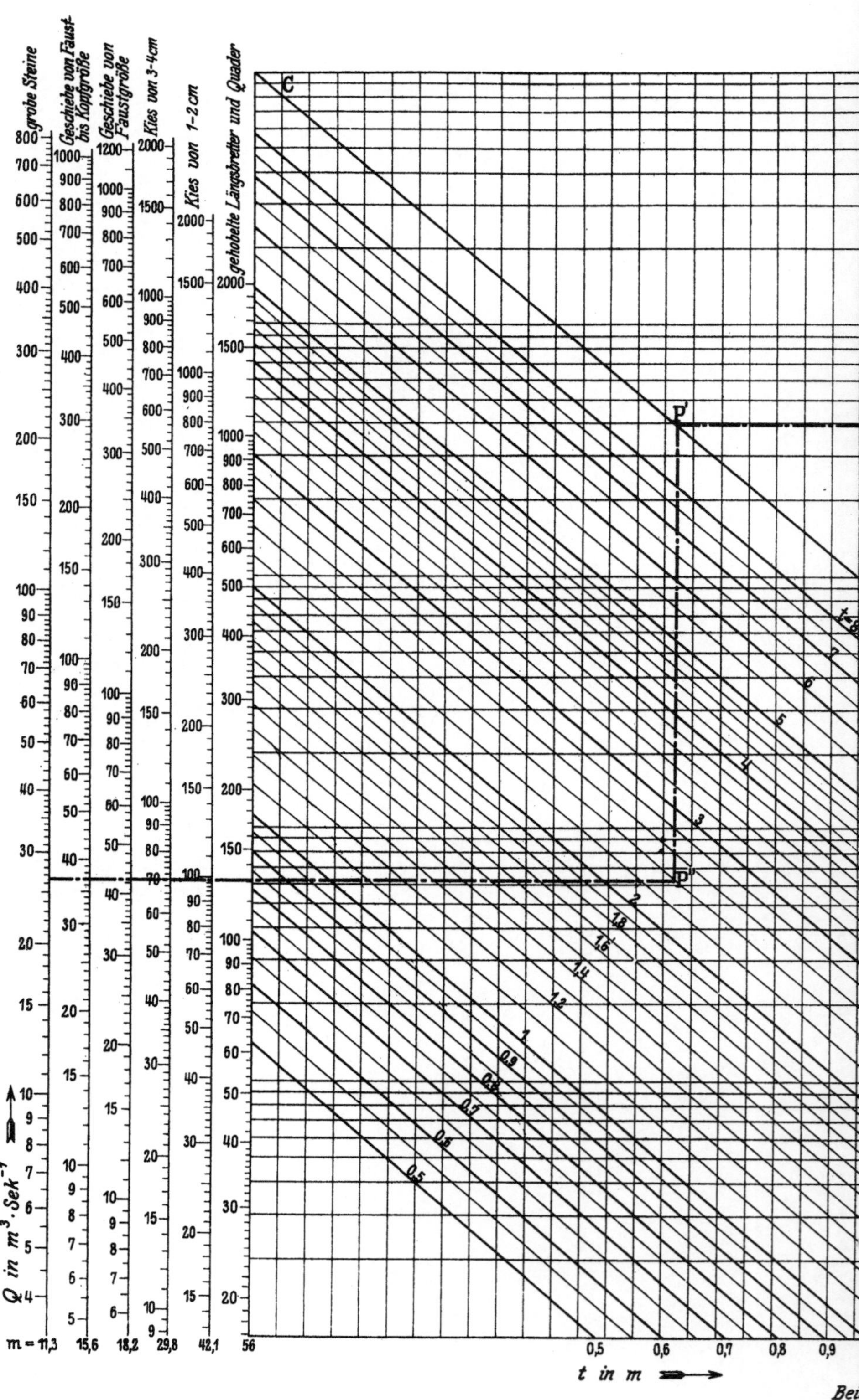

Abb. 53. (Verkl. ⁴/₁₀.) Christensche

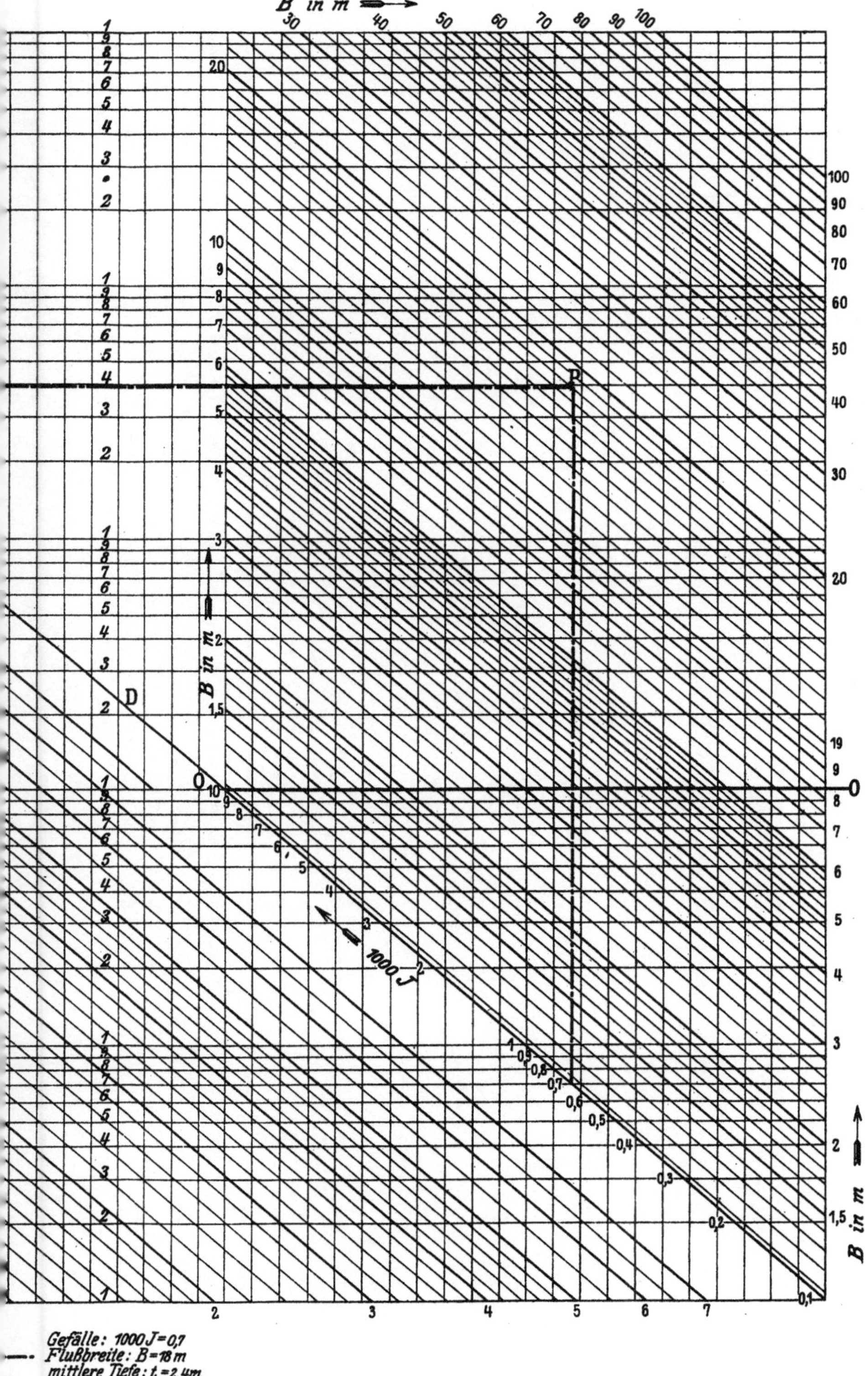

Gefälle: 1000 J = 0,7
Flußbreite: B = 18 m
mittlere Tiefe: t = 2,4 m

formel: $Q = m \cdot B \cdot \sqrt{t^3 \cdot J} \cdot \sqrt[3]{B/2}$.

Abb. 53 stellt eine der bisher besprochenen Mäandertafel ähnliche Rechentafel dar, der die Christensche Formel

$$Q = m \cdot B \cdot \sqrt{t^3 \cdot J} \cdot \sqrt[8]{B/2} \qquad \text{(XXXVI)}$$

(s. Weyrauch, Hydraulik, 4. u. 5. Aufl., S. 107) zugrunde liegt. Die Formel XXXVI, in der B die Flußbreite, t die mittlere Wassertiefe, beides in Metern gemessen, J das Gefälle, Q die Anzahl der sekundlich abfließenden Raummeter Wassers und m einen von der Bettbeschaffenheit abhängigen Beiwert bedeuten, läßt sich nach erfolgter Logarithmierung schreiben

$$\frac{1}{2} \cdot \log J + \frac{1}{8} \cdot \log \frac{B^9}{2} + \frac{3}{2} \log t = \log \frac{Q}{m}. \qquad \text{(XXXVI a)}$$

Auf der rechten Seite der Rechentafel wurde die mit den tausendfachen J-Werten bezifferte Skala (J) so aufgetragen, daß der Abstand der einzelnen Skalenpunkte von der Achse $O\!-\!O$ gleich $l \cdot \frac{1}{2} \cdot \log J$ ist, wobei der Modul $l = 180$ mm gewählt wurde. Da die Tafel anstatt auf gewöhnlichem gekästelten Papier auf logarithmisch geteiltem Papier von $\frac{180}{2} = 90$ mm Modullänge entworfen wurde, ergab sich die Skala von selbst durch den Schnitt des gegen die Achse OO beliebig geneigten Skalenträgers mit den Geraden des logarithmischen Netzes. Hierauf wurde von einem beliebigen Punkte des Skalenträgers aus senkrecht zur Achse OO gleichfalls mit 180 mm Modullänge eine Skala der Beziehung $\frac{1}{8} \log \frac{B^9}{2} = \frac{9}{8} \log B - \frac{1}{8} \log 2$ aufgetragen und durch deren Teilpunkte die mit den entsprechenden Werten von B bezifferten, mit dem Skalenträger gleichgerichteten Geraden gezogen. Es schneidet dann z. B. die durch den Punkt $1000\,J = 0{,}7$ gehende Senkrechte zu $O\!-\!O$ die mit $B = 18$ m bezifferte Gerade in einem Punkte P, dessen mit dem Modul $l = 180$ mm gemessener Abstand von der Achse gleich $\frac{1}{2} \log J + \frac{1}{8} \log \frac{B^9}{2}$ ist. Um mit einem Zeichenbogen auszukommen, ist es zuweilen vorteilhaft, von dem Punkte P zu dem bezüglich der Achse $O\!-\!O$ gleich weit entfernten, seitlich verschobenen Punkte P' überzugehen, der auf einer zu $O\!-\!O$ beliebig geneigten Geraden $C\!-\!D$ gelegen ist. In Abb. 53 fällt $C\!-\!D$ mit dem Träger der J-Skala zusammen, erforderlich ist dies jedoch nicht. Trügen wir nunmehr senkrecht zu $O\!-\!O$ von einem beliebigen Punkte der Geraden $C\!-\!D$ aus die durch $l \cdot \frac{3}{2} \cdot \log t$ oder mit $l = 180$ mm die durch $270 \cdot \log t$ bestimmte Skala auf und zögen wir durch ihre Teilpunkte mit $C\!-\!D$ gleichgerichtete Gerade (t), so könnten wir mit deren Hilfe in gleicher Weise wie oben auch das dritte Glied der Gleichung XXXVI a zu den beiden anderen hinzuzählen. Da jedoch die Begrenzung des Zeichenbogens dies nicht zuläßt, denken wir uns die Gerade $A\,C$, die Achse $O\!-\!O$ sowie die Geraden (t) um einen geeigneten Betrag (in unserem Falle um 266 mm) senkrecht zu $O\!-\!O$ verschoben. Am Gebrauch der Tafel wird hierdurch nichts geändert. Verfolgen wir z. B. die durch P' gehende Senkrechte zu $O\!-\!O$ bis zu ihrem Schnittpunkt P'' mit der $t = 2{,}4$ m entsprechenden Geraden, so gibt uns der mit der Einheit $l = 180$ mm gemessene Abstand dieses Punktes P'' von der verschobenen Achse $O\!-\!O$ den Wert an, den die linke Seite der Gleichung XXXVI a für $1000\,J = 0{,}7$, $B = 18$ m und $t = 2{,}4$ m annimmt. Dieser Wert muß gleich der rechten Gleichungsseite sein. Es wurden daher auf dem linken Rande der Rechentafel für sechs verschiedene Werte von m Skalen der Beziehung $\log \frac{Q}{m}$ mit $l = 180$ mm aufgetragen, deren Träger von der verschobenen Achse $O\!-\!O$ in den Nullpunkten geschnitten werden, und die es gestatten, bei gegebenem m das zum Punkte P'' gehörige Q zu ermitteln. In Abb. 53a ist an die Stelle dieses linken Teils der Rechentafel 53 eine verdichtete Skala der Werte Q und m getreten, welche uns die Werte Q für beliebige zwischen

5 und 100 gelegene m-Werte erkennen läßt. Der Maßstab der Abb. 53a ist gleich der Hälfte des der Abb. 53 zugrunde liegenden Maßstabes. Es genüge die Erwähnung, daß in der Verdichtungstafel die Q-Linien gegen die Achse $O-O$ um 45° geneigt sind und durch ihren Schnitt mit einer beliebigen zu dieser Achse gleichgerichteten Geraden logarithmische Skalen mit dem Modul $l = \frac{1}{2} \cdot 180 = 90$ mm bestimmen, woraus sich umgekehrt eine einfache Herstellung der verdichteten Skala ergibt.

Die auf S. 38 beschriebenen

Dreieckrechentafeln

können wir auch zur Darstellung der Beziehung

$$f_{1,\,2}(z_1, z_2) + f_{3,\,4}(z_3, z_4) + f_{5,\,6}(z_5, z_6) = C \tag{78}$$

bzw.

$$[f_{1,\,2}(z_1, z_2)]^p \cdot [f_{3,\,4}(z_3, z_4)]^q \cdot [f_{5,\,6}(z_5, z_6)^r = C \tag{79}$$

verwenden, wenn wir an die Stelle der auf S. 42 erwähnten, senkrecht zu den Seiten eines gleichseitigen Dreiecks von der Höhe $l \cdot C$ aufgetragenen und durch $u = l \cdot f_1(z_1), v = l \cdot f_2(z_2), w = l \cdot f_3(z_3)$ bestimmten Skalen, die $f_{1,\,2}(z_1, z_2)$, $f_{3,\,4}(z_3, z_4)$ und $f_{5,\,6}(z_5, z_6)$ bzw. $p \cdot \log f_{1,\,2}(z_1, z_2), q \cdot \log f_{3,\,4}(z_3, z_4)$ und $r \cdot \log f_{5,\,6}(z_5, z_6)$ entsprechenden einfach verdichteten Funktionsskalen auftragen. In Abb. 54 ist die Skizze einer derartigen Rechentafel mit gezeichnetem Bezugsnetz gegeben. Bei ihr ist angenommen, daß nur der innerhalb des Dreiecks gelegene Teil der Rechentafel gebraucht wird. Ist dies nicht der Fall, so verschiebt man zweckmäßig die Verdichtungstafeln bis zum Rand der eigentlichen Rechentafel, damit sich die einzelnen Tafeln nicht gegenseitig stören. Sind die Veränderlichen $z_1, z_2 \ldots z_6$ oder einzelne von ihnen wieder abhängig von je zwei anderen Veränderlichen, die ihrerseits in Abhängigkeit von je zwei weiteren Veränderlichen stehen können usw., so müssen wir anstatt der einfach verdichteten Funktionsskalen mehrfach verdichtete Skalen herstellen,

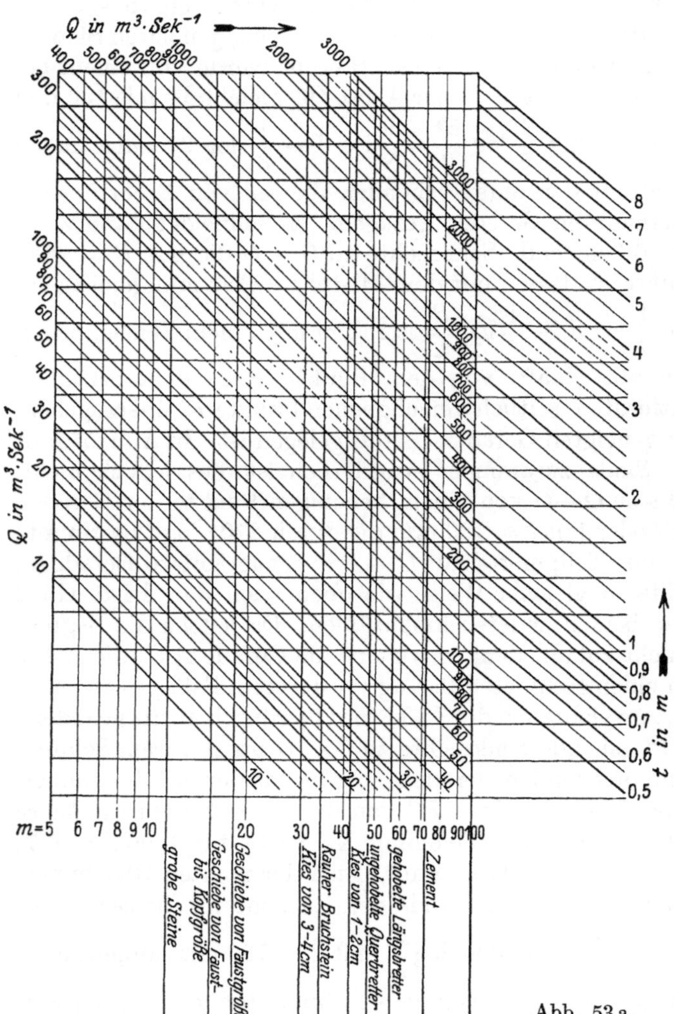

Abb. 53 a.

die sich ähnlich wie in Abb. 51 durch Verzweigung aus einfach verdichteten Skalen herleiten lassen.

Anstatt der gezeichneten Bezugsnetze können wir die auf S. 47 beschriebene **bewegliche Ablesevorrichtung** auch bei Dreieckrechentafeln gebrauchen, die zur Darstellung der Beziehungen 78 und 79 dienen, wenn wir wiederum anstatt der gewöhnlichen Funktionsskalen verdichtete Funktionsskalen anwenden. Dasselbe gilt auch für die Sonderfälle der Sechseckrechentafeln zur Darstellung der Beziehungen

$$f_{1,2}(z_1, z_2) + f_{3,4}(z_3, z_4) + f_{5,6}(z_5, z_6) = 0 \tag{80}$$

bzw.

$$[f_{1,2}(z_1, z_2)]^p \cdot [f_{3,4}(z_3, z_4)]^q \cdot [f_{5,6}(z_5, z_6)]^r = 1, \tag{81}$$

bei denen die Höhe des Ausgangsdreiecks auf Null zusammenschrumpft. Halten wir auch hier an der Bedingung fest, daß die Ablesegeraden senkrecht zu den Skalen verlaufen, so können wir, ähnlich wie auf S. 49 beschrieben, **die verdichteten Skalen absetzen.** Die Skizze einer derartigen Rechentafel ist in Abb. 55 gegeben.

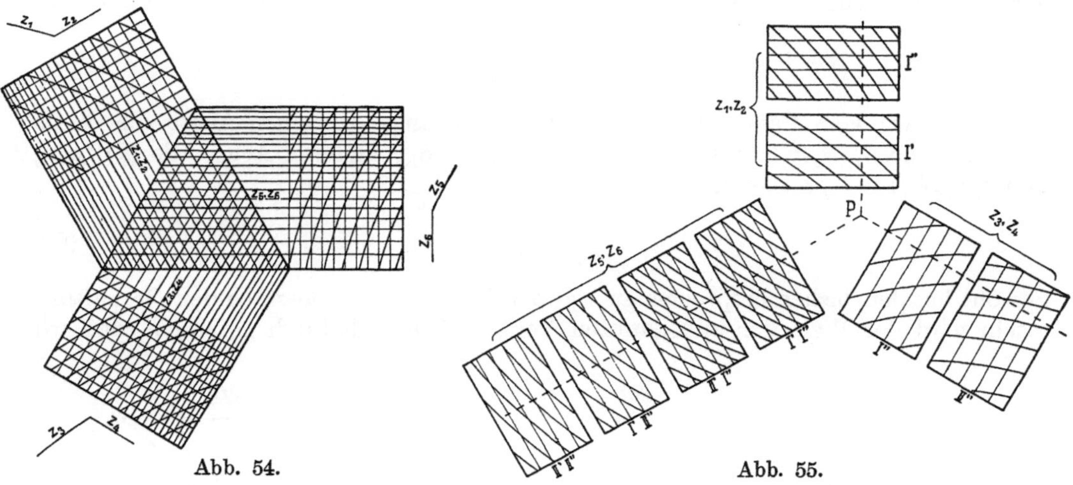

Abb. 54.   Abb. 55.

Schließlich sei noch kurz darauf hingewiesen, daß man durch Vereinigung von mehreren der auf S. 47 besprochenen Sechseckrechentafeln zu einer einzigen auch Gleichungen von der Form

$$f_1(z_1) + f_2(z_2) + f_3(z_3) + f_4(z_4) + \ldots f_n(z_n) = 0 \tag{82}$$

bzw.

$$[f_1(z_1)]^p \cdot [f_2(z_2)]^q \cdot [f_3(z_3)]^r \ldots [f_n(z_n)]^v = 1 \tag{83}$$

darstellen kann, die sich bei Benutzung von verdichteten Skalen erweitern zu

$$f_{1,2}(z_1, z_2) + f_{3,4}(z_3, z_4) + f_{5,6}(z_5, z_6) + \ldots f_{m,n}(z_m, z_n) = 0 \tag{84}$$

bzw.

$$[f_{1,2}(z_1, z_2)]^p \cdot [f_{3,4}(z_3, z_4)]^q \cdot [f_{5,6}(z_5, z_6)]^r \cdot [f_{m,n}(z_m, z_n)]^v = 1. \tag{85}$$

B. Verhältnistafeln.

Bei den nun zu beschreibenden Verhältnistafeln benutzen wir als Ablesevorrichtung ein Blatt Pauspapier oder ein Stück Pausleinwand oder eine Glasplatte, auf denen sich eine Anzahl in geringen Abständen voneinander verlaufender gleichgerichteter Geraden befindet. Zwei beliebige dieser Ablesegeraden mögen die beiden in Abb. 56 skizzierten gleichgerichteten Skalenträger in den Punkten A, B, C und D schneiden. O_1 und O_2 seien zwei beliebige Punkte der beiden Skalenträger. Alsdann ist

$$O_1A - O_1B = O_2C - O_2D \,.$$

Denken wir uns nun auf der linken und rechten Seite der beiden Skalenträger die durch $l \cdot f_1(z_1)$ und $l \cdot f_2(z_2)$ bzw. $l \cdot f_3(z_3)$ und $l \cdot f_4(z_4)$ bestimmten Skalen von den Punkten O_1 und O_2 als Nullpunkten aus aufgetragen, so gilt anstatt der obigen Gleichung allgemein

$$f_1(z_1) - f_2(z_2) = f_3(z_3) - f_4(z_4) \,. \tag{86}$$

Da wir Gleichung 86 als durch Logarithmieren einer Gleichung von der Form

$$\frac{[f_1(z_1)]^p}{[f_2(z_2)]^q} = \frac{[f_3(z_3)]^r}{[f_4(z_4)]^s} \tag{87}$$

entstanden auffassen können, so läßt sich auch Gleichung 87 durch eine Verhältnistafel von der in Abb. 56 skizzierten Art darstellen.

Schneiden sich zwei Skalenträger, die einen beliebigen Winkel miteinander bilden, in einem Punkte O (vgl. Abb. 57) und werden sie ebenfalls von zwei beliebigen Geraden der Ablesevorrichtung in den Punkten A, B, C und D geschnitten, so verhält sich

$$\frac{OA}{OB} = \frac{OC}{OD} \,,$$

oder wenn wir vom Punkte O als Nullpunkt aus längs der einen Achse die durch $l_1 \cdot f_1(z_1)$ und $l_1 \cdot f_2(z_2)$ bestimmten Skalen, längs der anderen Achse die $l_2 \cdot f_3(z_3)$ und $l_2 \cdot f_4(z_4)$ entsprechenden Skalen auftragen:

$$\frac{f_1(z_1)}{f_2(z_2)} = \frac{f_3(z_3)}{f_4(z_4)} \,. \tag{88}$$

Sowohl bei den bisher besprochenen wie bei den noch zu behandelnden Verhältnistafeln wird der Wert der unbekannten Veränderlichen dadurch gefunden, daß wir

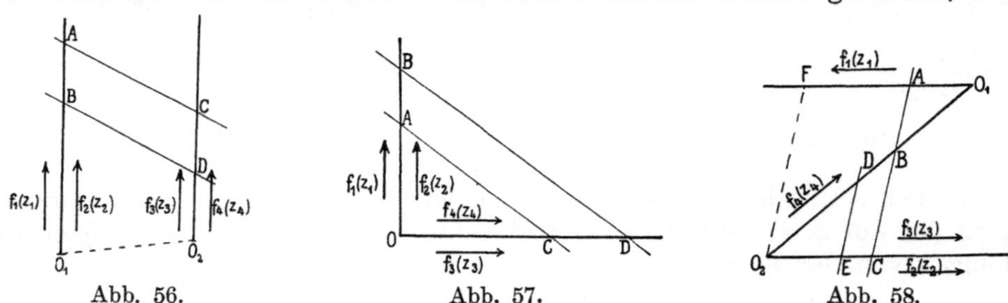

Abb. 56.   Abb. 57.   Abb. 58.

eine Ablesegerade durch die zwei bekannten Veränderlichen entsprechenden Skalenpunkte hindurchgehen lassen und sodann den Wert der unbekannten Veränderlichen in dem Punkte ablesen, in welchem die Skala dieser Veränderlichen von der durch den Skalenpunkt der dritten bekannten Veränderlichen hindurchgehenden Ablesegeraden geschnitten wird.

Sind wie in Abb. 58 drei Skalenträger in Z-Form angeordnet und werden sie von den beiden Ablesegeraden in den Punkten A, B, C, D und E geschnitten, so können wir sie zur Darstellung der Beziehung

$$f_1(z_1) + f_2(z_2) = \frac{f_3(z_3)}{f_4(z_4)} \tag{89}$$

verwenden. Bezeichnen wir nämlich die Punkte, in denen der dritte Skalenträger die beiden entgegengesetzt gerichteten Skalenträger schneidet, mit O_1 und O_2 und ziehen wir durch O_2 die mit den Ablesegeraden gleichgerichtete Gerade $O_2 F$, so folgt aus der Ähnlichkeit der Dreiecke $O_1 F O_2$ und $O_2 E D$ die Beziehung

$$O_1 A + A F = O_1 A + O_2 C = \frac{O_2 E}{O_2 D} O_1 O_2 \,. \tag{90}$$

Tragen wir nun von O_2 aus auf der Geraden $O_2 O_1$ mit dem Modul l_4 die Skala der Beziehung $f_4(z_4)$ und auf dem anderen Skalenträger mit den Modeln l_2 und l_3 die Skalen der Beziehungen $f_2(z_2)$ und $f_3(z_3)$ sowie von O_1 aus auf dem dritten Skalenträger gleichfalls mit dem Modul l_2 die $f_1(z_1)$ entsprechende Skala auf, so können wir anstatt der Gleichung 90 allgemeiner auch schreiben

$$l_2[f_1(z_1) + f_2(z_2)] = \frac{l_3 \cdot f_3(z_3)}{l_4 \cdot f_4(z_4)} \cdot O_1 O_2. \tag{91}$$

Setzen wir fernerhin $O_1 O_2 = \dfrac{l_2 \cdot l_4}{l_3}$, so ersehen wir, daß sich die besprochene Z-förmige Verhältnistafel zur Darstellung von Gleichungen der Form

$$f_1(z_1) + f_2(z_2) = \frac{f_3(z_3)}{f_4(z_4)} \tag{91a}$$

eignet. Denken wir uns eine Ablesegerade durch die Punkte D und E hindurchgelegt, dann stellt die rechte Seite der Gleichung 90 einen festen Wert dar. Infolgedessen muß auch die linke Seite $O_1 A + O_2 C$ unveränderlich sein, gleichgültig, welche mit DE gleichgerichtete Ablesegerade wir benutzen. Betrachten wir sodann A und C als Punkte der $f_1(z_1)$- und $f_2(z_2)$-Skala, so erkennen wir, daß die $O_1 A + O_2 C$ entsprechende Summe $l_1 \cdot f_1(z_1) + l_2 \cdot f_2(z_2)$ nur dann für alle mit DE gleichgerichteten Ablesegeraden unveränderlich bleiben kann, wenn wir, wie es oben geschehen ist, $l_1 = l_2$ setzen.

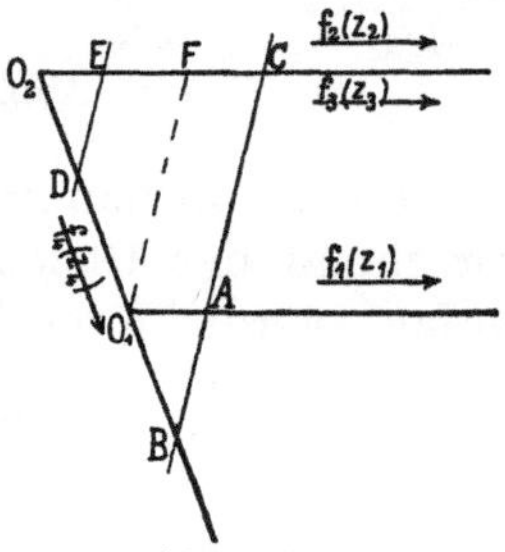

Verlaufen die beiden Skalen der Beziehungen $f_1(z_1)$ und $f_2(z_2)$ gleichgerichtet, so tritt, wie aus Abb. 59 ersichtlich, an die Stelle der Gleichung 90 die Beziehung

$$O_2 C - FC = O_2 C - O_1 A = \frac{O_2 E}{O_2 D} O_2 O_1. \tag{92}$$

Gleichung 91 geht bei Benutzung der Modeln $l_1 = l_2$, l_3 und l_4 über in

$$l_2[f_2(z_2) - f_1(z_1)] = \frac{l_3 \cdot f_3(z_3)}{l_4 \cdot f_4(z_4)} \cdot O_2 O_1 \tag{93}$$

Abb. 59.

und läßt erkennen, daß sich diese Verhältnistafel zur Darstellung der Beziehung

$$f_2(z_2) - f_1(z_1) = \frac{f_3(z_3)}{f_4(z_4)} \tag{93a}$$

verwenden läßt, sofern wir $O_2 O_1 = \dfrac{l_2 \cdot l_4}{l_3}$ machen.

C. Fluchtlinientafeln.

Die auf S. 51 beschriebenen

Strahlentafeln

lassen sich auch für Gleichungen der Form

$$f_{1,\,2}(z_1, z_2) = f_{3,\,4}(z_3, z_4) \tag{94}$$

herstellen, wenn wir die einfache Skala durch eine verdichtete Skala ersetzen. Ordnen wir dabei die Verdichtungstafel so an, daß die verdichteten Linien durch den Strahlenausgangspunkt gehen, so brauchen wir die verdichteten Skalen selbst nicht zu zeichnen. Die Tafel besteht alsdann aus zwei Netzen, und es werden in jedem dieser Netze durch einen Strahl bzw. durch einen gespannten Faden Punkte bestimmt, in denen sich mit zusammengehörigen Werten der Veränderlichen bezifferte Linien schneiden.

Sind in der darzustellenden Gleichung mehr als vier Veränderliche enthalten, so lassen sich in allen den Fällen Strahlentafeln herstellen, in denen sich alle Netzlinien oder einzelne von ihnen als mehrfach verdichtete Linien aus einem verzweigten Systeme von Verdichtungstafeln herleiten lassen.

Auf den Seiten 53 bis 74 haben wir Fluchtlinientafeln mit Einzelskalen kennen gelernt, mit deren Hilfe wir eine große Anzahl von Beziehungen zwischen den drei Veränderlichen z_1, z_2 und z_3 darstellen konnten. Es liegt nun nahe, diese drei Veränderlichen oder einzelne von ihnen als von je zwei anderen Veränderlichen abhängig zu betrachten. An die Stelle der bisherigen Einzelskalen treten alsdann verdichtete Einzelskalen, weshalb wir diese Art von Rechentafeln als **Fluchtlinientafeln mit verdichteten Einzelskalen** bezeichnen wollen. Sofern es der Aufbau der darzustellenden Gleichung gestattet, steht selbstverständlich nichts im Wege, durch Einführung mehrfach verdichteter Einzelskalen diese Art von Fluchtlinientafeln auch zur Darstellung von Gleichungen mit mehr als $2 \cdot 3 = 6$ Veränderlichen zu verwenden. In den meisten Fällen werden jedoch weniger als sechs Veränderliche in Frage kommen. Skizze Abb. 60 veranschaulicht eine derartige Fluchtlinientafel mit verdichteten, auf zwei gleichgerichteten, geradlinigen und

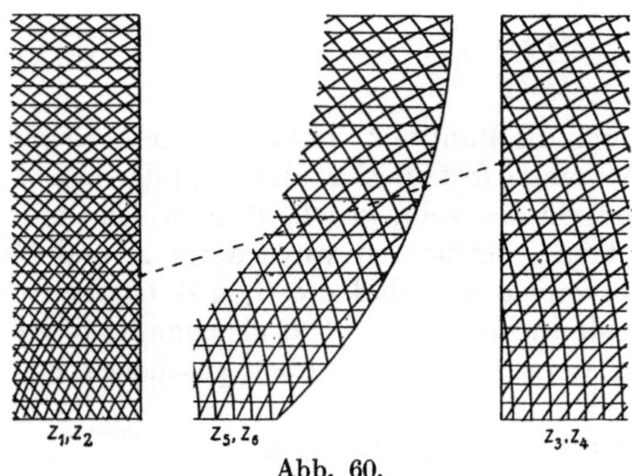

Abb. 60.

auf einem krummlinigen Skalenträger angebrachten verdichteten Skalen. Entsprechend der Gleichung 47 lautet die allgemeine durch Fluchtlinientafeln mit einfach verdichteten Skalen darstellbare Beziehung

$$\begin{vmatrix} f_{1,2}(z_1, z_2) & g_{1,2}(z_1, z_2) & h_{1,2}(z_1, z_2) \\ f_{3,4}(z_3, z_4) & g_{3,4}(z_3, z_4) & h_{3,4}(z_3, z_4) \\ f_{5,6}(z_5, z_6) & g_{5,6}(z_5, z_6) & h_{5,6}(z_5, z_6) \end{vmatrix} = 0 . \tag{95}$$

Im einzelnen lassen derartige Fluchtlinientafeln mit drei geradlinigen Skalen, die sich in keinem, einem, zwei oder drei im Endlichen gelegenen Punkten schneiden, die Darstellung folgender, den Gleichungen 36b, 37, 38, 39a, 40, 48, 49, 54 und 54a entsprechenden häufig vorkommenden Beziehungen zu

$$f_{1,2}(z_1, z_2) + f_{3,4}(z_3, z_4) + f_{5,6}(z_5, z_6) = 0, \tag{96}$$

$$k\,[\varphi_{1,2}(z_1, z_2)]^l \cdot [\varphi_{3,4}(z_3, z_4)]^m \cdot [\varphi_{5,6}(z_5, z_6)]^n = 1, \tag{97}$$

$$\frac{1}{f_{1,2}(z_1, z_2)} + \frac{1}{f_{3,4}(z_3, z_4)} = \frac{1}{f_{5,6}(z_5, z_6)}, \tag{96a}$$

$$\varphi_{1,2}(z_1, z_2) \cdot \varphi_{3,4}(z_3, z_4) \cdot \varphi_{5,6}(z_5, z_6) = 1, \tag{97a}$$

$$f_{1,2}(z_1, z_2) + f_{3,4}(z_3, z_4) \cdot f_{5,6}(z_5, z_6) = 0 . \tag{98}$$

Zwei geradlinige und ein krummliniger Skalenträger gestatten die Darstellung der Beziehung

$$f_{1,2}(z_1, z_2) \cdot f_{5,6}(z_5, z_6) + f_{3,4}(z_3, z_4) \cdot g_{5,6}(z_5, z_6) + h_{5,6}(z_5, z_6) = 0 . \tag{99}$$

Dient ein Kreis als gemeinsamer Träger zweier Skalen, so läßt sich entsprechend der Gleichung 59 die Beziehung

$$f_{1,2}(z_1, z_2) \cdot f_{3,4}(z_3, z_4) \cdot f_{5,6}(z_5, z_6) + [f_{1,2}(z_1, z_2) + f_{3,4}(z_3, z_4)] \cdot g_{5,6}(z_5, z_6) + h_{5,6}(z_5, z_6) = 0 \tag{100}$$

durch eine Fluchtlinientafel mit verdichteten Skalen darstellen.

(Ein Beispiel hierfür findet sich in der Hütte des Bauingenieurs, 21. Aufl. S. 747. Daselbst sind die je eine verdichtete Skala aufweisenden Fluchtlinientafeln für die Beziehungen

$$v = \frac{87 \sqrt{\dfrac{F}{u}}}{1 + 0{,}3 \sqrt{\dfrac{u}{F}}} \sqrt{i} = k \cdot \sqrt{i} \qquad\qquad \text{(XXXVII)}$$

und

$$Q = \frac{87 \cdot F \sqrt{\dfrac{F}{u}}}{1 + 0{,}3 \sqrt{\dfrac{u}{F}}} \sqrt{i} = k' \cdot \sqrt{i} \qquad\qquad \text{(XXXVII a)}$$

in einer Tafel vereinigt. Die Formeln dienen zur Berechnung von Kanalisationsquerschnitten F in qm und es bedeutet in ihnen u den benetzten Umfang in m, i das Gefälle, v die Geschwindigkeit in m · sec^{-1} und Q die Anzahl der sekundlich durchfließenden Raummeter Wassers. Die Skalen I, II und III stellen nun eine Fluchtlinientafel für die Beziehung $Q = k' \cdot \sqrt{i}$ dar, wie wir sie früher beschrieben haben. Ebenso ergeben die Skalen III, IV und V eine Fluchtlinientafel für die Beziehung $v = k \cdot \sqrt{i}$. Da nun k' und k von F und u abhängig sind, könnten die Skalen I und V als verdichtete Skalen der Größen F und u angesehen und mittels Verdichtungstafel gewonnen werden. Dies entspräche streng den Formeln XXXVII und XXXVII a. In der Hütte ist die Fluchtlinientafel aus Zweckmäßigkeitsgründen auf Kanalisationsleitungen mit 8 verschiedenen, aber bestimmten Querschnittsformen von veränder

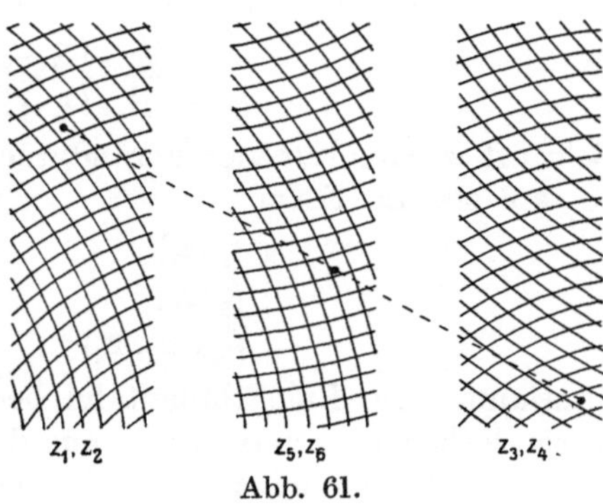

Abb. 61.

licher Höhe beschränkt, und es werden die Werte k' und k in ihrer Abhängigkeit von Querschnittsform und Querschnittshöhe durch je eine Verdichtungstafel dargestellt.)

Im Falle, daß alle drei Veränderlichen, für welche sich eine Fluchtlinientafel herstellen läßt, oder ein Teil derselben von je zwei Veränderlichen abhängig sind, d. h. wenn sich die darzustellende Beziehung auf die Form der Gleichung 95 bringen läßt, können wir an Stelle der Tafeln mit verdichteten Skalen auch **Fluchtlinientafeln mit Funktionsnetzen** verwenden. Die Skizze einer solchen Tafel zeigt Abb. 61. Hat die darzustellende Gleichung die allgemeine Form

$$\begin{vmatrix} f_{1,2}(z_1, z_2) & g_{1,2}(z_1, z_2) & h_{1,2}(z_1, z_2) \\ f_{3,4}(z_3, z_4) & g_{3,4}(z_3, z_4) & h_{3,4}(z_3, z_4) \\ f_{5,6}(z_5, z_6) & g_{5,6}(z_5, z_6) & h_{5,6}(z_5, z_6) \end{vmatrix} = 0, \qquad (101)$$

so bedeutet dies nach dem früher Gesagten, daß die bestimmten Wertepaaren (z_1, z_2), (z_3, z_4) und (z_5, z_6) entsprechenden und durch die Gleichungen

$$u \cdot f_{1,2}(z_1, z_2) + v \cdot g_{1,2}(z_1, z_2) + h_{1,2}(z_1, z_2) = 0,$$

$$u \cdot f_{3,4}(z_3, z_4) + v \cdot g_{3,4}(z_3, z_4) + h_{3,4}(z_3, z_4) = 0 \qquad (102)$$

und

$$u \cdot f_{5,6}(z_5, z_6) + v \cdot g_{5,6}(z_5, z_6) + h_{5,6}(z_5, z_6) = 0$$

festgelegten Punkte auf einer Geraden liegen. Die Cartesischen Bezugsgrößen eines dem Wertepaar $(z_1 z_2)$ entsprechenden Punktes lauten nach Gleichung 44 und 44a

$$x = -\delta\,\frac{f_{1,2}(z_1,z_2) - g_{1,2}(z_1,z_2)}{f_{1,2}(z_1,z_2) + g_{1,2}(z_1,z_2)} \qquad (103)$$

und

$$y = -\frac{h_{1,2}(z_1,z_2)}{f_{1,2}(z_1,z_2) + g_{1,2}(z_1,z_2)}\,.$$

Beseitigen wir aus diesen Gleichungen zuerst z_2 bzw. z_1, so erhalten wir durch Einsetzen von runden, in gleichmäßigen Abständen aufeinander folgenden z_1- und z_2-Werten die Gleichungen der das $(z_1 z_2)$-Netz bildenden Linien (z_1) und (z_2). In entsprechender Weise können wir auch das (z_3, z_4)- und (z_5, z_6)-Netz entwerfen.

Die am häufigsten vorkommenden Gleichungen entsprechen den im 4. Hauptteil unter B aufgeführten Beziehungen und lauten:

$$f_{1,2}(z_1, z_2) + f_{3,4}(z_3, z_4) + f_{5,6}(z_5, z_6) = 0, \qquad (104)$$

$$k \cdot [\varphi_{1,2}(z_1, z_2)]^l \cdot [\varphi_{3,4}(z_3, z_4)]^m \cdot [\varphi_{5,6}(z_5, z_6)]^n = 1, \qquad (105)$$

$$f_{1,2}(z_1, z_2) + f_{3,4}(z_3, z_4) \cdot f_{5,6}(z_5, z_6) = 0, \qquad (106)$$

$$f_{1,2}(z_1, z_2) \cdot f_{5,6}(z_5, z_6) + f_{3,4}(z_3, z_4) \cdot g_{5,6}(z_5, z_6) + h_{5,6}(z_5, z_6) = 0, \qquad (107)$$

$$\frac{f_{5,6}(z_5, z_6)}{f_{1,2}(z_1, z_2)} + \frac{g_{5,6}(z_5, z_6)}{f_{3,4}(z_3, z_4)} = 1\,. \qquad (108)$$

Sehr oft werden nur vier Veränderliche in die darzustellende Gleichung 101 eingehen, so daß sie die Form

$$\begin{vmatrix} f_1(z_1) & g_1(z_1) & h_1(z_1) \\ f_2(z_2) & g_2(z_2) & h_2(z_2) \\ f_{3,4}(z_3, z_4) & g_{3,4}(z_3, z_4) & h_{3,4}(z_3, z_4) \end{vmatrix} = 0 \qquad (109)$$

annimmt. Die Fluchtlinientafel besteht alsdann aus den beiden Einzelskalen der Veränderlichen z_1 und z_2 und aus dem Netz der Veränderlichen z_3 und z_4. Die allgemeinen Gleichungen 104—108 nehmen alsdann folgende Sonderformen an:

$$f_1(z_1) + f_2(z_2) + f_{3,4}(z_3, z_4) = 0, \qquad (110)$$

$$k[\varphi_1(z_1)]^l \cdot [\varphi_2(z_2)]^m \cdot [\varphi_{3,4}(z_3, z_4)]^n = 1, \qquad (111)$$

$$f_1(z_1) + f_2(z_2) \cdot f_{3,4}(z_3, z_4) = 0, \qquad (112)$$

$$f_1(z_1) \cdot f_{3,4}(z_3, z_4) + f_2(z_2) \cdot g_{3,4}(z_3, z_4) + h_{3,4}(z_3, z_4) = 0, \qquad (113)$$

$$\frac{f_{3,4}(z_3, z_4)}{f_1(z_1)} + \frac{g_{3,4}(z_3, z_4)}{f_2(z_2)} = 1\,. \qquad (114)$$

Da sich die Beziehung

$$f_4(z_4) + l \cdot \varphi_4(z_4) + m \cdot \psi_4(z_4) + n \cdot \chi_4(z_4) = 0 \qquad (115)$$

dadurch auf die Form der Gleichung 113 bringen läßt, daß wir $l = f_1(z_1)$, $m = f_2(z_2)$ und $n = f_3(z_3)$ setzen, läßt sich auch Gleichung 115 durch eine aus zwei Einzelskalen und einem Funktionsnetz bestehende Rechentafel darstellen. Ein Sonderfall der Gleichung 115 ist die häufiger vorkommende Gleichung

$$z^p + l \cdot z^q + m \cdot z^r + n \cdot z^s + k = 0\,. \qquad (116)$$

Das bekannteste und wohl auch älteste Beispiel hierfür ist die Kutter-Ganguillet-sche Rechentafel zur Bestimmung des Beiwerts

$$c = \frac{23 + \dfrac{1}{n} + \dfrac{0,00155}{J}}{1 + \left(23 + \dfrac{0,00155}{J}\right)\dfrac{n}{\sqrt{R}}}\,. \qquad (XXXVIII)$$

Wir haben die Tafel übernommen und in Abb. 62 wiedergegeben. Da bei ihr die Einzelskalen der R- und c-Werte sich auf den beiden in unserer Darstellung aufeinander senkrecht stehenden Achsen (X) und (Y) befinden, empfiehlt es sich, bei der Beschreibung dieser Tafel anstatt der vorhin gebrauchten gleichgerichteten Linienbezugsgrößen Cartesische Bezugsgrößen zu verwenden.

Setzen wir

$$\left.\begin{aligned} g\,(J,n) &= 23 + \frac{1}{n} + \frac{0,00155}{J}\,, \\ f\,(J,n) &= \left(23 + \frac{0,00155}{J}\right)\cdot n \end{aligned}\right\} \qquad \text{(XXXVIIIa)}$$

in Gleichung XXXVIII ein und vervielfältigen wir Zähler und Nenner mit $\sqrt{R}$, so erhalten wir

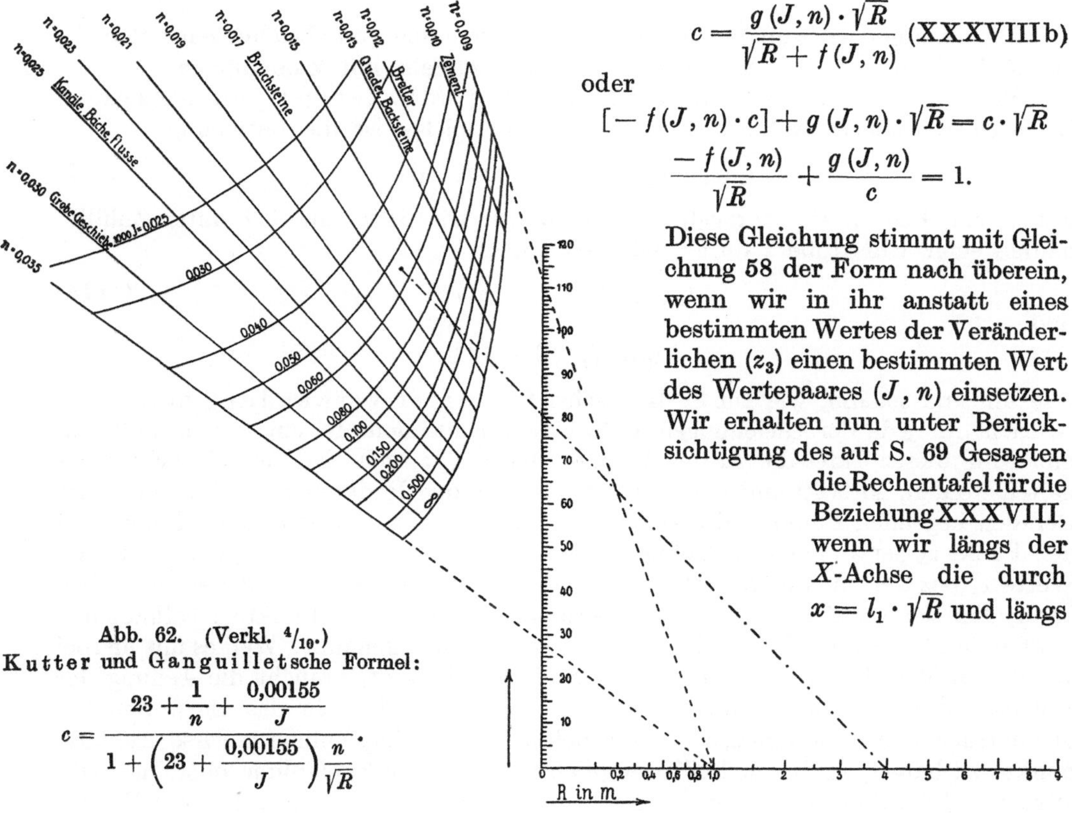

Abb. 62. (Verkl. $^4/_{10}$.)
Kutter und **Ganguillet**sche Formel:

$$c = \frac{23 + \dfrac{1}{n} + \dfrac{0,00155}{J}}{1 + \left(23 + \dfrac{0,00155}{J}\right)\dfrac{n}{\sqrt{R}}}.$$

$$c = \frac{g\,(J,n)\cdot\sqrt{R}}{\sqrt{R} + f\,(J,n)} \qquad \text{(XXXVIIIb)}$$

oder

$$[-f\,(J,n)\cdot c] + g\,(J,n)\cdot\sqrt{R} = c\cdot\sqrt{R}$$

$$\frac{-f\,(J,n)}{\sqrt{R}} + \frac{g\,(J,n)}{c} = 1.$$

Diese Gleichung stimmt mit Gleichung 58 der Form nach überein, wenn wir in ihr anstatt eines bestimmten Wertes der Veränderlichen (z_3) einen bestimmten Wert des Wertepaares (J, n) einsetzen. Wir erhalten nun unter Berücksichtigung des auf S. 69 Gesagten die Rechentafel für die Beziehung XXXVIII, wenn wir längs der X-Achse die durch $x = l_1 \cdot \sqrt{R}$ und längs

der Y-Achse die durch $y = l_2 \cdot c$ bestimmten Skalen auftragen und alsdann auf Grund der Gleichungen

$$\left.\begin{aligned} x &= l_1\cdot[-f\,(J,n)] = -\,l_1\left(23 + \frac{0,00155}{J}\right)\cdot n \\ y &= l_2\cdot g\,(J,n) = l_2\left(23 + \frac{1}{n} + \frac{0,00155}{J}\right) \end{aligned}\right\} \qquad \text{(XXXVIIIc)}$$

das Netz der J- und n-Werte entwerfen. Durch Beseitigung von n aus den Gleichungen XXXVIIIc erhalten wir als Gleichung für die J-Linien

$$x\cdot y - l_2\left(23 + \frac{0,00155}{J}\right)x + l_1\left(23 + \frac{0,00155}{J}\right) = 0 \qquad \text{(XXXVIIId)}$$

und durch Beseitigung von J als Gleichung für die n-Linien

$$\frac{x}{l_1 \cdot n} + \frac{y}{l_2} = \frac{1}{n}. \qquad\qquad \text{(XXXVIIIe)}$$

Die J-Linien sind demnach Hyperbeln, die n-Linien dagegen Gerade. Da aus Gleichung XXXVIII folgt, daß für $R = 1$ m c stets gleich $\dfrac{1}{n}$ ist, stellen die n-Linien ein durch den Punkt $R = 1$ gehendes Strahlenbüschel dar, dessen einzelne Strahlen mit den reziproken Werten der Größen beziffert sind, die sie durch ihren Schnitt mit der c-Skala bestimmen. In Abb. 62 ist $l_1 = 60$ mm und $l_2 = 1{,}5$ mm. Das eingezeichnete Beispiel besagt, daß bei einem hydraulischen Halbmesser $R = 4$ m und einem Gefälle $J = \dfrac{0{,}055}{1000}$ der Zahl $n = 0{,}016$ ein Wert $c = 80{,}5$ entspricht.

Eine weitere Art von Rechentafeln zur Darstellung von Gleichungen mit mehr als drei Veränderlichen bilden die **Fluchtlinientafeln mit Zapfenlinien.**

Von ihnen seien zuerst die Tafeln mit im Endlichen gelegenen Zapfenlinien beschrieben. Nehmen wir an, es sei beispielsweise die Beziehung

$$f_1(z_1) \cdot f_2(z_2) = f_3(z_3) \cdot f_4(z_4) \qquad\qquad (117)$$

durch eine Rechentafel darzustellen, so können wir Gleichung 117 unter Zuhilfenahme einer Hilfsgröße z durch die Gleichungen

$$f_1(z_1) \cdot f_2(z_2) = f(z) \qquad\qquad (117a)$$

und

$$f_3(z_3) \cdot f_4(z_4) = f(z)$$

ersetzen und sodann, wie auf S. 64 beschrieben, unter Verwendung derselben z-Skala für jede der Gleichungen 117a eine Fluchtlinientafel entwerfen. Soll nun mit Hilfe dieser Tafel die zu den Veränderlichen z_1', z_2' gehörige Veränderliche z_4' erhalten werden, so bestimmen wir zuerst den mit den Punkten z_1' und z_2' auf einer Geraden liegenden Punkt z' der z-Skala und ziehen sodann durch diesen Punkt und den Punkt z_3' der z_3-Skala die Gerade, welche die z_4-Skala in dem mit dem gesuchten Werte z_4' bezifferten Punkte schneidet. Da man sich diesen Vorgang so vorstellen kann, daß sich die Ablesegerade gewissermaßen um einen im Punkte z befindlichen Zapfen dreht, wird der Träger der z-Skala „Zapfenlinie" genannt. Weil es uns hierbei auf die Größen der Hilfsveränderlichen z nicht ankommt, braucht die Teilung der z-Skala selbst nicht ausgeführt zu werden, es genügt vielmehr das Entwerfen des Skalenträgers. Es ist indessen oft angenehm, auf der Zapfenlinie gewisse Anhaltspunkte zu haben; in diesen Fällen empfiehlt es sich, die Zapfenlinie mit einer willkürlichen Einteilung zu versehen. Nach dem Gesagten ist es klar, daß wir Fluchtlinientafeln mit Zapfenlinien in allen den Fällen entwerfen können, in denen zwischen der Hilfsveränderlichen z und den Veränderlichen z_1 und z_2 bzw. z_3 und z_4 die für Fluchtlinientafeln erforderliche Beziehung 47 besteht, in denen also ist:

$$\begin{vmatrix} f(z) & g(z) & h(z) \\ f_1(z_1) & g_1(z_1) & h_1(z_1) \\ f_2(z_2) & g_2(z_2) & h_2(z_2) \end{vmatrix} = 0 \qquad\qquad (118)$$

und

$$\begin{vmatrix} f(z) & g(z) & h(z) \\ f_3(z_3) & g_3(z_3) & h_3(z_3) \\ f_4(z_4) & g_4(z_4) & h_4(z_4) \end{vmatrix} = 0.$$

Die Skizze einer derartigen Tafel ist in Abb. 63 gegeben. Sehr häufig kann man die Zapfenlinie mit der u-Achse zusammenfallen lassen, alsdann lauten die Gleichungen 118:

$$\begin{vmatrix} -1 & 0 & h\,(z) \\ f_1(z_1) & g_1(z_1) & h_1(z_1) \\ f_2(z_2) & g_2(z_2) & h_2(z_2) \end{vmatrix} = 0 \tag{119}$$

und

$$\begin{vmatrix} -1 & 0 & h\,(z) \\ f_3(z_3) & g_3(z_3) & h_3(z_3) \\ f_4(z_4) & g_4(z_4) & h_4(z_4) \end{vmatrix} = 0.$$

Nach Ausscheiden der Hilfsveränderlichen z stellen diese beiden Gleichungen folgende Beziehung zwischen den vier Veränderlichen dar:

$$\begin{aligned} &[f_1(z_1) \cdot g_2(z_2) - f_2(z_2) \cdot g_1(z_1)]\,[g_3(z_3) \cdot h_4(z_4) - g_4(z_4) \cdot h_3(z_3)] \\ &= [g_1(z_1) \cdot h_2(z_2) - g_2(z_2) \cdot h_1(z_1)]\,[f_3(z_3) \cdot g_4(z_4) - f_4(z_4) \cdot g_3(z_3)]. \end{aligned} \tag{120}$$

Setzen wir im besonderen die rechte und die linke Seite der Beziehung

$$f_1(z_1) \cdot f_2(z_2) + h_2(z_2) = f_3(z_3) \cdot f_4(z_4) + h_4(z_4) \tag{121}$$

je gleich $f(z)$, so erhalten wir zwei Gleichungen von Art der Gleichung 56, woraus folgt, daß die entsprechende Fluchtlinientafel aus einer geradlinigen Zapfenlinie, zwei krummlinigen Skalenträgern und zwei geradlinigen mit der Zapfenlinie gleichgerichteten Skalen besteht, welch letztere beide überdies auf der rechten und linken Seite desselben Skalenträgers angeordnet werden können. Weiterhin lassen die Gleichungen 48 und 49 erkennen, daß sich die Beziehungen

$$f_1(z_1) + f_2(z_2) = f_3(z_3) + f_4(z_4) \tag{122}$$

und

$$k \cdot [\varphi_1(z_1)]^l \cdot [\varphi_2(z_2)]^m = [\varphi_3(z_3)]^p \cdot [\varphi_4(z_4)]^q \tag{123}$$

durch eine aus einer Zapfenlinie und vier mit ihr gleichgerichteten Skalen bestehende Fluchtlinientafel darstellen lassen. Durch wiederholte Anwendung des Verfahrens läßt sich dieses auch auf Gleichungen wie

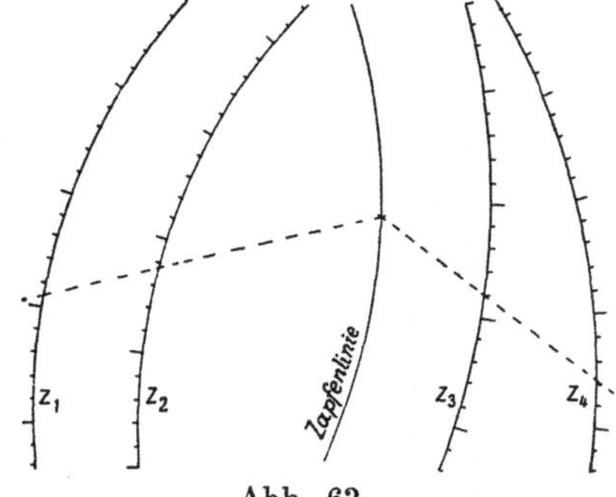

Abb. 63.

$$f_1(z_1) + f_2(z_2) + f_3(z_3) + \ldots f_n(z_n) = 0 \tag{124}$$

oder

$$k\,[\varphi_1(z_1)]^l \cdot [\varphi_2(z_2)]^m \ldots [\varphi_q(z_q)]^p = 1 \tag{125}$$

ausdehnen. Wir können nämlich durch Einführung der Hilfsveränderlichen z_I, z_{II} usw. Gleichung 125 in folgende Gleichungen zerlegen

$$\begin{aligned} f_1(z_1) \;\;+ f_2(z_2) + f_I(z_I) \;\;\;&= 0, \\ f_I(z_I) \;\;- f_3(z_3) - f_{II}(z_{II}) \;\;&= 0, \\ f_{II}(z_{II}) - f_4(z_4) - f_{III}(z_{III}) &= 0, \\ &\vdots \\ f_L(z_L) - f_{n-1}(z_{n-1}) - f_n(z_n) &= 0\,. \end{aligned}$$

Nach Herstellung der Fluchtlinientafel für die erste dieser Gleichungen lassen sich die Tafeln für jede folgende Gleichung im Anschluß an die jeweils vorhergehende entwerfen.

Ein Beispiel für die Darstellung einer Beziehung von Art der Gleichung 124 finden wir in Abb. 64. Bezeichnen wir mit v_m die mittlere Geschwindigkeit einer Flüssigkeit oder eines Gases in einer Rohrleitung, mit d den Durchmesser dieser

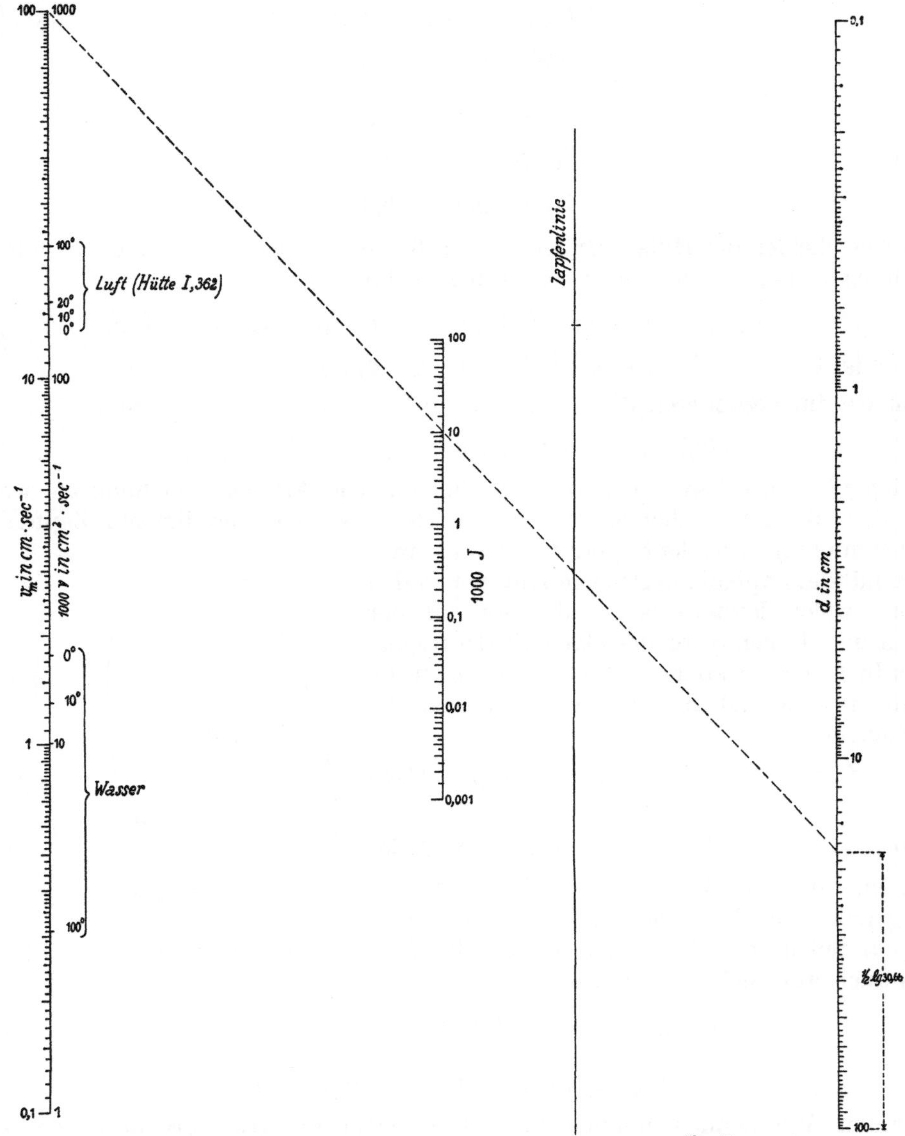

Abb. 64. Laminare Strömung in Leitungen: $v_m = 30{,}66 \dfrac{d^2 \cdot J}{\nu}$.

Leitung, mit J das Gefälle, mit ν den kinematischen Reibungskoeffizienten und mit $g = 981$ die Erdbeschleunigung, so gilt bei laminarer Bewegung, d. h. für $\dfrac{v \cdot d}{\nu} < 2000$, die Beziehung

$$v_m = \frac{g \cdot d^2 \cdot J}{32\,\nu} = 30{,}66 \frac{d^2 \cdot J}{\nu}. \tag{XXXIX}$$

Durch Logarithmieren erhalten wir

$$2 \cdot \log d + \log 30{,}66 - \log v_m = \log \nu - \log J \tag{XXXIX a}$$

Diese Gleichung zerfällt durch Einführung der Veränderlichen z in die beiden Gleichungen

und

$$\left.\begin{aligned} \log v_m - (2 \log d + \log 30{,}66) + \log z &= 0 \\[2mm] \log J - \log \nu + \log z &= 0, \end{aligned}\right\} \qquad \text{(XL)}$$

welch letztere wir auch schreiben können:

$$\log 1000\,J - \log 1000\,\nu + \log z = 0 .$$

Setzen wir

$$u = l_1 \cdot \log v_m ,$$
$$v = - l_2 (2 \cdot \log d + \log 30{,}66)$$

oder mit

$$l_1 = 2 \cdot l_2 = l ,$$
$$u = l \cdot \log v_m ,$$
$$v = - l (\log d + \tfrac{1}{2} \log 30{,}66),$$

so lautet die erste der Gleichungen XL

$$\frac{u}{l} + \frac{2v}{l} + \log z = 0$$

und wir erhalten nach Gleichung 45 als Abstandsverhältnis für den als Zapfenlinie dienenden Träger der z-Skala

$$- \frac{2}{l} : \frac{1}{l} = - 2 : 1 .$$

Aus Gleichung 44a ergibt sich, daß die auf der Zapfenlinie aufzutragende oder aufgetragen zu denkende Skala bestimmt ist durch:

$$y = - \frac{\log z}{\dfrac{1}{l} + \dfrac{2}{l}} = - \frac{l}{3} \log z .$$

Um die zweite der Gleichungen XL darzustellen, wählten wir den bisherigen Träger der v_m-Skala wieder als U-Achse und trugen auf seiner rechten Seite die durch $u = - l \cdot \log 1000\,\nu$ bestimmte Skala auf. Als V-Achse wählten wir die Zapfenlinie, auf der die mit dem Modul $\dfrac{l}{3}$ entworfene $\log z$-Skala als schon vorhanden anzusehen ist. Wir können alsdann anstatt der letzten der Gleichungen XL schreiben

$$\frac{u}{l} + \frac{v}{l/3} + \log 1000\,J = 0$$

oder

$$u \cdot \frac{l}{3} + v \cdot l + \frac{l^2}{3} \cdot \log 1000\,J = 0,$$

woraus sich als Abstandsverhältnis für die $(1000\,J)$-Skala ergibt

$$- l : \frac{l}{3} = - 3 : 1 .$$

Der Modul dieser Skala errechnet sich zu $\dfrac{l}{4}$, denn es ist nach Gleichung 44a

$$y = - \frac{\dfrac{l^2}{3} \cdot \log 1000\,J}{l + \dfrac{l}{3}} = - \frac{l}{4} \cdot \log 1000\,J .$$

Lassen wir an die Stelle der bisher benutzten einfachen Skalen einfach oder mehrfach verdichtete Skalen treten, so können wir mit Hilfe von Fluchtlinientafeln mit Zapfenlinien auch Beziehungen darstellen, die den Gleichungen 117 bis 125 entsprechen, wenn wir in ihnen die von einzelnen Veränderlichen abhängigen Funktionen durch Beziehungen ersetzen, die von zwei Veränderlichen abhängig sind, wobei jede dieser Veränderlichen wieder in Abhängigkeit von zwei weiteren Veränderlichen stehen kann usw. Mit Hilfe einfach verdichteter Skalen könnten wir auf diese Weise z. B. die Darstellung der Beziehung

$$f_{1,\,2}(z_1, z_2) + f_{3,\,4}(z_3, z_4) + f_{5,\,6}(z_5, z_6) + \ldots f_{n-1,\,n}(z_{n-1}, z_n) = 0 \tag{126}$$

ermöglichen, die der Gleichung 124 entspricht. Daß wir in der Anwendung nicht auf geradlinige Skalenträger beschränkt sind, sondern daß sich auch mehrere andere Fluchtlinientafeln z. B. die auf S. 70 beschriebenen kreisförmigen durch Verwendung von Zapfenlinien verbinden lassen, versteht sich nach dem Gesagten von selbst.

Für Gleichungen der Form 120 hat M. Beghin Rechentafeln entworfen, bei denen die Zapfenlinien im Unendlichen liegen, d. h. bei denen die durch den Punkt z_3 gehende Gerade, welche zur Verbindungslinie der Punkte z_1 und z_2 gleichgerichtet ist, die z_4-Skala im gesuchten Punkt z_4 schneidet (s. Abb. 65). Die Gleichung 120

$$[f_1(z_1) \cdot g_2(z_2) - f_2(z_2) \cdot g_1(z_1)] \cdot [g_3(z_3) \cdot h_4(z_4) - g_4(z_4) \cdot h_3(z_3)]$$

$$= [g_1(z_1) \cdot h_2(z_2) - g_2(z_2) \cdot h_1(z_1)] \cdot [f_3(z_3) \cdot g_4(z_4) - f_4(z_4) \cdot g_3(z_3)]$$

können wir auch schreiben

$$\frac{\dfrac{f_2(z_2)}{g_2(z_2)} - \dfrac{f_1(z_1)}{g_1(z_1)}}{\dfrac{h_2(z_2)}{g_2(z_2)} - \dfrac{h_1(z_1)}{g_1(z_1)}} = \frac{\dfrac{f_4(z_4)}{g_4(z_4)} - \dfrac{f_3(z_3)}{g_3(z_3)}}{\dfrac{h_4(z_4)}{g_4(z_4)} - \dfrac{h_3(z_3)}{g_3(z_3)}} \tag{127}$$

Zeichnen wir nun unter Verwendung eines Cartesischen Bezugsystems die Skalen für die Veränderlichen z_1, z_2, z_3 und z_4 mit Hilfe der Bezugsgrößen

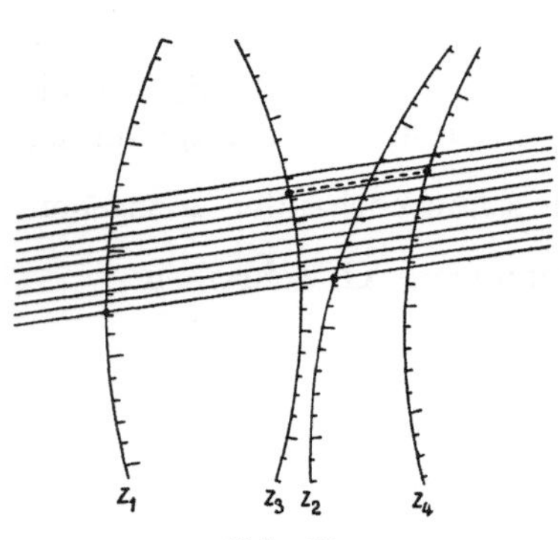

Abb. 65.

$$\left.\begin{aligned}
x_1 &= \frac{h_1(z_1)}{g_1(z_1)} & y_1 &= \frac{f_1(z_1)}{g_1(z_1)} \\[4pt]
x_2 &= \frac{h_2(z_2)}{g_2(z_2)} & y_2 &= \frac{f_2(z_2)}{g_2(z_2)} \\[4pt]
x_3 &= \frac{h_3(z_3)}{g_3(z_3)} & y_3 &= \frac{f_3(z_3)}{g_3(z_3)} \\[4pt]
x_4 &= \frac{h_4(z_4)}{g_4(z_4)} & y_4 &= \frac{f_4(z_4)}{g_4(z_4)}
\end{aligned}\right\} \tag{128}$$

und setzen wir diese Werte in Gleichung 127 ein, so erhalten wir

$$\frac{y_2 - y_1}{x_2 - x_1} = \frac{y_4 - y_3}{x_4 - x_3}. \tag{129}$$

Dies ist jedoch die Bedingung dafür, daß die durch die Skalenpunkte (x_3, y_3) und (x_4, y_4) gelegte Gerade gleichgerichtet ist mit der durch die Skalenpunkte (x_1, y_1) und (x_2, y_2) gehenden Geraden. Zum Gebrauch einer derartigen Tafel haben wir daher nur — wie in Abb. 65 angedeutet — auf einem Stück Pauspapier eine Anzahl gleichgerichteter Ablesegeraden zu zeichnen, eine derselben durch die Punkte z_1 und z_2 gehen zu lassen und alsdann im Schnittpunkt der durch den Punkt z_3 gehenden Geraden mit dem Träger der z_4-Skala den gesuchten Wert z_4 abzulesen.

Die öfters vorkommende Beziehung

$$\frac{f_1(z_1) + f_2(z_2)}{h_1(z_1) + h_2(z_2)} = \frac{f_3(z_3) + f_4(z_4)}{h_3(z_3) + h_4(z_4)} \tag{130}$$

ist ein Sonderfall der Gleichung 127 bzw. 120 und läßt sich daher stets durch eine Fluchtlinientafel mit einer im Endlichen oder Unendlichen liegenden Zapfenlinie darstellen.

Hier sei noch der

Fluchtlinientafeln mit beweglichen Skalen und Funktionsnetzen

für Gleichungen mit mehr als drei Veränderlichen gedacht, die sich in großer Mannigfaltigkeit für die verschiedensten Zwecke herstellen lassen. Die Beschreibung zweier Beispiele möge genügen.

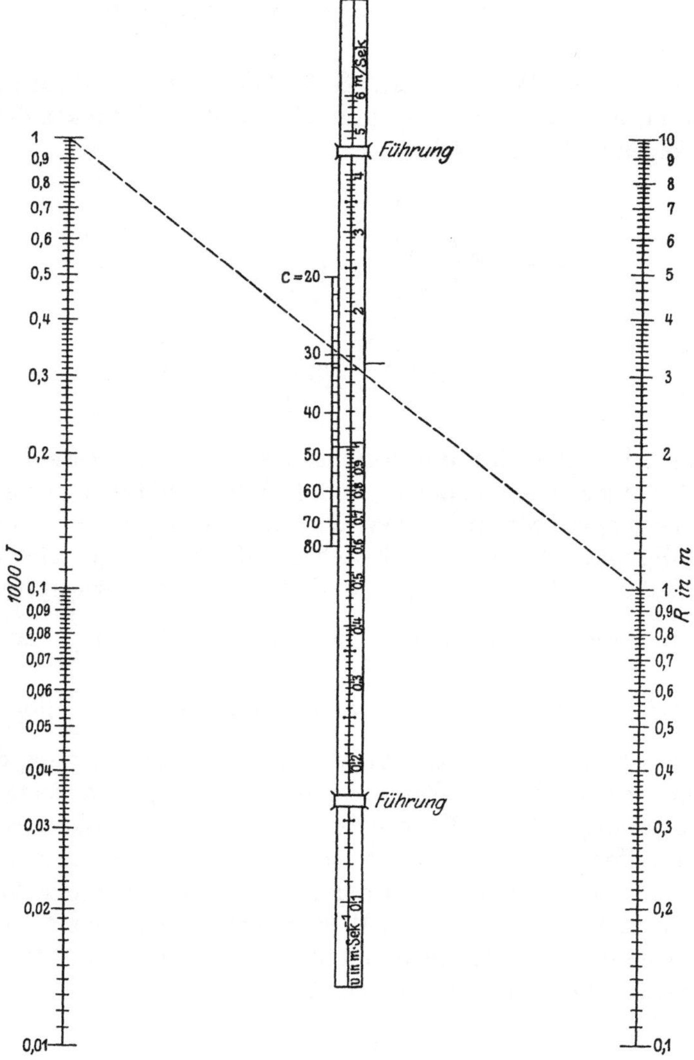

Abb. 66. Wassergeschwindigkeit in Flüssen; $\bar{v} = c\sqrt{R \cdot J}$.

Zur Ermittlung der Wassergeschwindigkeit in Flüssen und Kanälen sowohl wie in Leitungen steht uns die mehrfach erwähnte Gleichung

$$\bar{v} = c \cdot \sqrt{R \cdot J} = \frac{c}{31,63}\sqrt{R \cdot 1000\,J} \qquad\qquad \text{(XLI)}$$

zur Verfügung, in der $\bar{v}$ die Geschwindigkeit in $m \cdot \sec^{-1}$, R den hydraulischen Halbmesser in m und J das Gefälle bedeutet. Den Beiwert c wollen wir als veränderlich, aber im einzelnen Falle der Verwendung als bekannt voraussetzen. Durch Logarithmieren der Gleichung XLI erhalten wir

$$\tfrac{1}{2} \cdot \log 1000\, J + \tfrac{1}{2} \log R + (\log c - \log 31{,}63 - \log \bar{v}) = 0 \,. \qquad \text{(XLI a)}$$

Mit

$$u = l_1 \cdot \log 1000\, J \quad \text{und} \quad v = l_2 \cdot \log R$$

erhalten wir, wenn wir gleichzeitig die Modeln $l_1 = l_2 = \tfrac{1}{2}\, l$ setzen

$$\frac{u}{l} + \frac{v}{l} + [(\log c - \log 31{,}63) - \log \bar{v}] = 0 \,. \qquad \text{(XLI b)}$$

Hieraus ergeben sich bei Wahl des auf S. 59 beschriebenen Cartesischen Bezugsystems auf Grund der Gleichungen 44 und 44a für die Teilpunkte der Geschwindigkeitsskala ($\bar{v}$) folgende Bezugsgrößen

$$x = -\,\delta\,\frac{\dfrac{1}{l} - \dfrac{1}{l}}{\dfrac{1}{l} + \dfrac{1}{l}} = 0 \,.$$

$$y = -\,l \cdot \frac{(\log c - \log 31{,}63) - \log \bar{v}}{2} \,.$$

Diese Gleichungen besagen, daß die Y-Achse als Träger der $\bar{v}$-Skala dient und daß diese daher in der Mitte zwischen der U- und V-Achse verläuft und mit diesen gleichgerichtet ist. Verbinden wir die beiden den Werten $1000\, J = 1$ und $R = 1$ entsprechenden Nullpunkte der U- und V-Achse miteinander, so schneiden diese den Träger der $\bar{v}$-Skala im Nullpunkt O des Cartesischen Bezugsystems. Der dem Werte $\bar{v} = 1$ entsprechende Nullpunkt der mit dem Modul $\dfrac{l}{2}$ zu entwerfenden $\bar{v}$-Skala befindet sich je nach dem Werte von c im Punkte $y = -\dfrac{l}{2}\,(\log c - \log 31{,}63)$.

In der Rechentafel (Abb. 66) wurden nun vermittels dieser Gleichung die Nullpunkte der $\bar{v}$-Skala für verschiedene c-Werte durch eine Hilfsskala festgelegt und die $\bar{v}$-Skala beweglich angeordnet. Verschieben wir nun die $\bar{v}$-Skala so, daß ihr mit $\bar{v} = 1\ \mathrm{m} \cdot \mathrm{sec}^{-1}$ bezifferter Nullpunkt mit dem als bekannt vorausgesetzten c-Wert der Hilfsskala zusammenfällt, so können wir der Tafel, wie bei einer gewöhnlichen Fluchtlinientafel die bestimmten J- und R-Werten entsprechenden Geschwindigkeiten entnehmen. Einen Schritt weiter geht der von mir in Abb. 67 entworfene Rechenschieber zur Lösung von Gleichungen der Form

$$z_3 = \frac{z_1^n}{c \cdot z_2} = k\,\frac{z_1^n}{z_2} \,. \qquad (131)$$

Durch Logarithmieren erhalten wir

$$\log z_2 - n \cdot \log z_1 + (\log c + \log z_3) = 0 \,. \qquad (131\,\mathrm{a})$$

Auf den beiden Seiten des Rechenschiebers wurden die U- und V-Achsen gezeichnet und auf ihnen die durch $u = l \cdot \log z_2$ und $v = -\,l \cdot \log z_1$ bestimmten Skalen aufgetragen. Setzen wir diese Werte in Gleichung 131a ein, so geht diese über in

$$\frac{u}{l} + n \cdot \frac{v}{l} + (\log c + \log z_3) = 0 \,. \qquad (131\,\mathrm{b})$$

Auf Grund der Gleichungen 44 und 44a wurden Form und Teilung der z_3-Skalen errechnet zu

$$x = -\delta \frac{\dfrac{1}{l} - \dfrac{n}{l}}{\dfrac{1}{l} + \dfrac{n}{l}} = -\delta \frac{1-n}{1+n},$$

$$y = -l \frac{\log c + \log z_3}{n+1}.$$

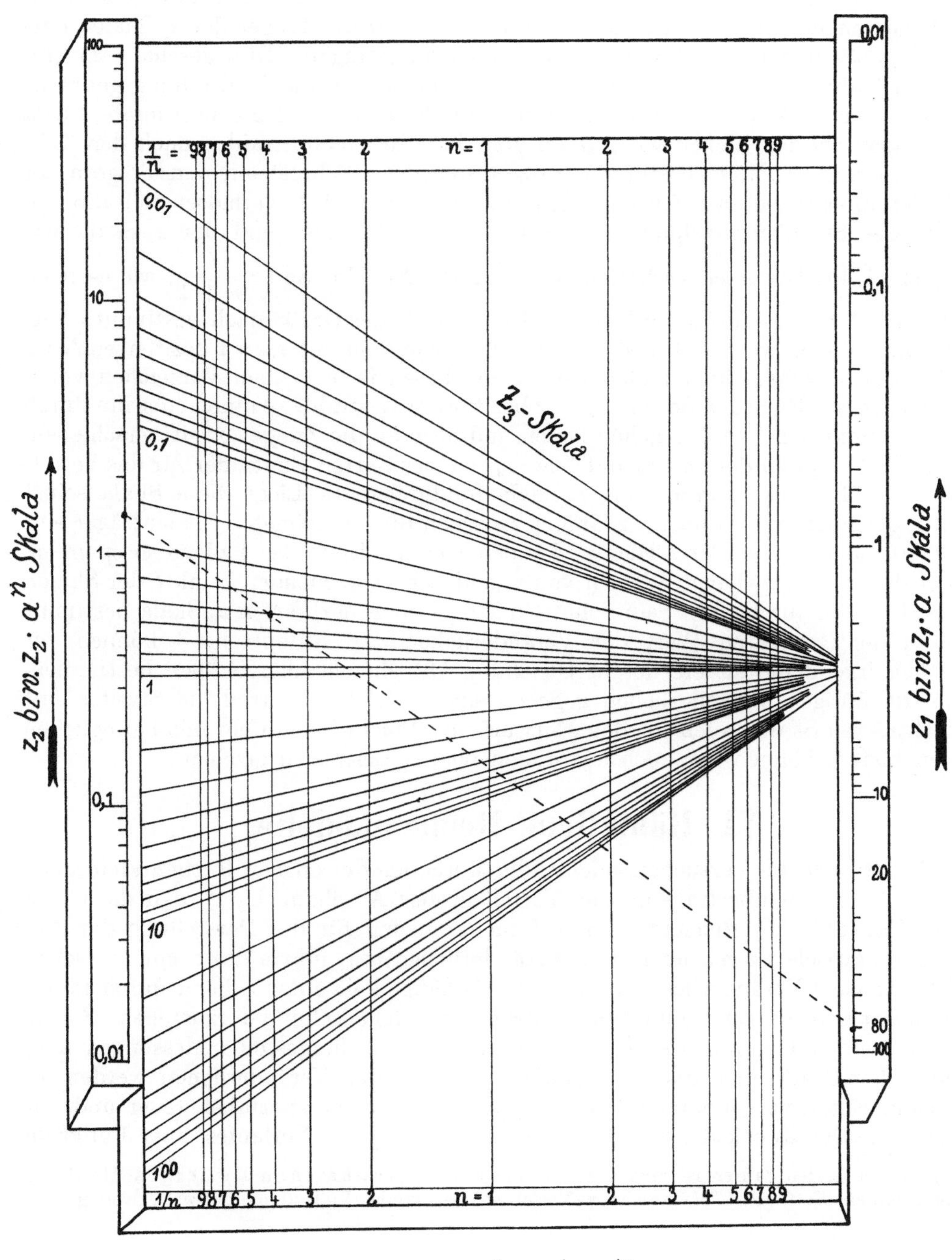

Abb. 67. $z_3 = k \dfrac{z_1^n}{z_2} = k \dfrac{(\alpha \cdot z_1)^n}{\alpha^n \cdot z_2}.$

Hieraus erkennen wir:

1. Daß die z_3-Skalenträger mit den U- und V-Achsen gleichgerichtet sind. Ihre Abstandsverhältnisse sind von n abhängig und errechnen sich nach Gleichung 45 zu

$$-\frac{n \cdot l}{l} = -n : 1 .$$

2. Daß die z_3-Skalen, wenn $c = 1$ ist, logarithmische mit dem Modul $l : (n + 1)$ hergestellte Skalen sind, deren mit $z_3 = 1$ bezeichnete Ausgangspunkte mit den Nullpunkten der U- und V-Achse auf einer Geraden liegen.

3. Daß die z_3-Skala aus der Nullstellung um den Wert $\dfrac{-l}{n+1} \cdot \log c$ verschoben werden muß.

Auf der Zunge des Rechenschiebers wurden zunächst mittels der unter 1. genannten Beziehungen für verschiedene runde Werte von n die Träger der z_3-Skalen entworfen. Sodann wurden die einzelnen Skalen aufgetragen. Dies geschah am einfachsten dadurch, daß die Zunge des Rechenschiebers in die Nullstellung gebracht und auf der U-Achse vorübergehend die durch $u = -l \cdot \log z$ bestimmte Skala aufgetragen wurde. Ziehen wir sodann vom Punkte $v = 0$ Strahlen nach den Teilpunkten dieser Skala, so bestimmen diese durch ihren Schnitt mit den Trägern der z_3-Skalen die auf diesen aufzutragenden Skalen, denn nach 1. verhalten sich die Abstände des Strahlenmittelpunktes $v = 0$ von der U-Achse und der z_3-Skala wie $(n + 1) : 1$, infolgedessen verhalten sich auch die Modeln wie $l : \dfrac{l}{n+1}$, wie es nach dem unter 2. Gesagten erforderlich ist. Die unter 3. der Größe nach bestimmte Verschiebung können wir leicht ausführen, wenn wir in dem mit $z_1 = 1$ bezifferten Nullpunkte der V-Achse einen Faden befestigen, diesen je nach dem Vorzeichen von c entweder in der Richtung des mit $z_3 = c$ bezifferten z_3-Strahls spannen oder ihn durch den Nullpunkt der U-Achse gehen lassen und alsdann die Zunge soweit verschieben, bis der Faden durch den mit $z_3 = 1$ bzw. $z_3 = c$ bezifferten Punkt der für das betreffende n in Betracht kommenden z_3-Skala hindurchgeht. Liegt diese Skala selbst nicht gezeichnet vor, so muß ihr Träger zwischen die gezeichneten Skalenträger eingeschaltet gedacht werden. Hierauf können wir das Ende des Fadens so spannen, daß er durch die gegebenen Werten von z_1 und z_2 entsprechenden Punkte der Skalen (z_1) und (z_2) hindurchgeht. Sein Schnitt mit der mit n bezifferten z_3-Skala bestimmt alsdann den gesuchten Wert der Veränderlichen z_3. Entsprechend können wir natürlich irgendeine andere der in Gleichung 131 eingehenden Größen bestimmen, wenn die übrigen Veränderlichen gegeben sind. Welchen Vorteil die Streifen mit aufgedruckten Skalen auch für den Entwurf von Fluchtlinientafeln mit beweglichen Skalen bieten, können wir auch aus diesen beiden Beispielen ersehen.

VI. Räumliche Rechenmodelle.

Es hat nicht an Versuchen gefehlt, die Methoden der ebenen Rechentafeln auch auf den Raum zu übertragen. Der Vorteil großer Anschaulichkeit, den die ebene (meist Cartesische) Rechentafel mit Linienkreuzung für die Darstellung der Abhängigkeit zwischen zwei (auch drei) Veränderlichen hat, führte dazu, eine zwischen drei (auch vier) Veränderlichen bestehende Abhängigkeit entsprechend durch räumliche (meist Cartesische) Funktionsmodelle mit Flächenschnitt darzustellen. Solche Modelle werden fast nur wegen ihrer Anschaulichkeit hergestellt; Messungen zum Zwecke der Ermittlung zusammengehöriger Werte der Veränderlichen werden an ihnen nur selten vorgenommen; sie sind meist schwer transportabel, teuer und unhandlich[1]). Der Zweck der anschaulichen Darstellung des Verlaufes einer Funktion

---

[1]) In den letzten Jahren ist allerdings von der Kartographischen Reliefgesellschaft in München ein Verfahren (Wenschow-Verfahren) zu großer Vollendung gebracht worden, das

wird indessen auch erreicht, wenn wir eine stereoskopische Photographie des Funktionsmodelles herstellen und diese in einem Stereoskop betrachten. Solche Bilder sind leicht transportabel, billig, handlich und lassen sich mittels der Anaglyphenmethode durch Projektion auch gleichzeitig einem größeren Kreise vorführen. Das erstmalige Herstellen eines Modelles, welches alsdann photographiert wird, ist indessen nicht nötig, da das stereoskopische Bilderpaar auf Grund des in mathematischer

Fassung vorliegenden, durch die Tafel darzustellenden funktionalen Zusammenhanges oft unmittelbar gezeichnet werden kann. Soll das stereoskopische Funktionsmodell uns nicht nur ein anschauliches Bild des Funktionsverlaufes geben, sondern auch die zusammengehörigen Werte der Veränderlichen in Form von Zahlen liefern, so können diese mittels des Raumbildmessers (Stereokomparators) dem Bilderpaar

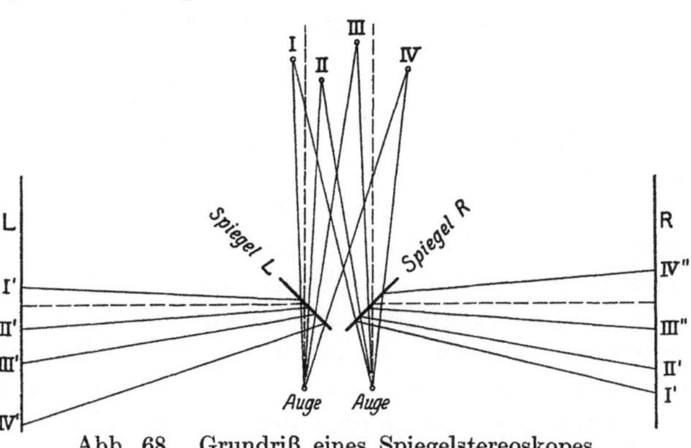

Abb. 68. Grundriß eines Spiegelstereoskopes.

entnommen werden, das alsdann jedoch allen an ein stereophotogrammetrisches Meßbild zu stellenden Anforderungen zu entsprechen hat[1]).

Auch die Methode der Fluchtlinientafeln läßt sich mittels der Stereoskopie auf den Raum übertragen. Es wird nämlich die Gleichung

$$\begin{vmatrix} f_1(z_1) & g_1(z_1) & h_1(z_1) & k_1(z_1) \\ f_2(z_2) & g_2(z_2) & h_2(z_2) & k_2(z_2) \\ f_3(z_3) & g_3(z_3) & h_3(z_3) & k_3(z_3) \\ f_4(z_4) & g_4(z_4) & h_4(z_4) & k_4(z_4) \end{vmatrix} = 0 \tag{133}$$

durch die Werte der Veränderlichen z_1, z_2, z_3 und z_4 erfüllt, welche je vier in einer Ebene liegenden Punkten der durch

$$x_i = \frac{f_i(z_i)}{k_i(z_i)}, \quad y_i = \frac{g_i(z_i)}{k_i(z_i)}, \quad z_i = \frac{h_i(z_i)}{k_i(z_i)}, \quad i = 1,\, 2,\, 3,\, 4 \tag{134}$$

definierten vier räumlichen Skalen entsprechen.

Abb. 68 zeigt uns nun ein Spiegelstereoskop mit einmaliger Spiegelung, in dem wir beispielsweise die den Stereoskopbildern L und R entsprechenden räumlichen Funktionsskalen unmittelbar vor uns im Raume schwebend zu sehen glauben. Sind die Spiegel nur dünn versilbert, so daß sie halb durchsichtig sind, so können wir in dieses virtuelle Raumbild der vier Skalen eine durch die Spiegel hindurch unmittelbar gesehene ebene Fläche (etwa eine Glasscheibe) so halten, daß sie z. B. durch die drei Skalenpunkte I, II und III hindurchgeht, welche bestimmten Werten der Ver-

___

gestattet, gedruckt vorliegende Landkarten maschinell rasch und bei größeren Auflagen auch billig in Reliefkarten zu verwandeln, denen ein hohes Maß von Genauigkeit zukommt. Das Verfahren besteht kurz darin, daß zunächst ein Urmodell hergestellt und von ihm eine Prägeform angefertigt wird, in die alsdann die elastisch gemachten, genau ausgerichteten Kartenblätter zusammen mit der plastischen, nach erfolgter Prägung erstarrenden Prägemasse eingepreßt werden. Auf dieselbe Weise können auch gedruckt vorliegende z. B. Cartesische Rechentafeln mit 3 Veränderlichen in Funktionsmodelle hoher Präzision verwandelt werden, wobei es als besonderer Vorzug anzusehen ist, daß der ganze Inhalt der Rechentafel, also auch die Beschriftung und das gesamte Liniennetz, auf die Oberfläche des Funktionsmodells übertragen wird.

[1]) Vgl. hierzu meine Aufsätze: „Nomographische Methoden im Raume", Zeitschr. f. Vermessungswesen 1922, Heft 5 und „Die Raumbildmessung", Zentralbl. der Bauverwaltung 1919, Heft 63, 64 u. 67.

änderlichen z_1, z_2 und z_3 entsprechen. Diese Ebene schneidet alsdann die vierte Skala in einem Punkte IV, dessen Bezifferung den gesuchten Wert der vierten Veränderlichen ergibt. Die vier Skalen können wiederum verdichtete Funktionsskalen sein, in welchem Falle die Fluchtebenentafel eine zwischen mehr als vier Veränderlichen bestehende Beziehung darstellt. Es soll indessen nicht unerwähnt bleiben, daß praktische Versuche mit derartigen stereoskopischen Rechentafeln bisher noch nicht haben vorgenommen werden können.

Schlußwort.

Ich habe in der vorliegenden Schrift eine Übersicht gegeben über die gezeichneten Rechentafeln, die sich in der Praxis am besten bewähren dürften. Es gibt noch eine Reihe anderer Rechentafeln, die vielleicht in Einzelfällen gute Dienste leisten können, die aber in ihrer Bedeutung für die Allgemeinheit hinter den hier aufgeführten meines Erachtens zurückstehen. Wenn ich durch diese Schrift die Aufmerksamkeit weiterer Kreise auf die Bedeutung der gezeichneten Rechentafeln hingelenkt und ihnen Gelegenheit gegeben habe, sich auf diesem Gebiet zu unterrichten, ohne zu fremdländischen Werken greifen zu müssen, wenn es mir gelungen ist, das Bändchen durch eine ausführliche Inhaltsübersicht zu einem raschen Ratgeber auf dem Gebiete der gezeichneten Rechentafeln auszugestalten, wenn ich ferner dem Wasserbautechniker eine Anzahl gebrauchsfertiger Tafeln in die Hand gegeben habe und wenn ich schließlich die Lehre von den gezeichneten Rechentafeln in einigen Punkten erweitert habe, dann habe ich den Zweck erreicht, dem diese Arbeit dienen soll.

Schriftennachweis.

Große, W.: Graphische Papiere und ihre vielseitige Anwendung. Düren: Carl Schleicher u. Schüll.

Krauß, F.: Die Nomographie oder Fluchtlinienkunst. Berlin: Julius Springer 1922.

Luckey, P.: Einführung in die Nomographie. Erster Teil: Die Funktionsleiter. Zweiter Teil: Die Zeichnung als Rechenmaschine. Leipzig und Berlin: B. G. Teubner 1918—1920.

Mandl, J.: Graphische Darstellung von mathematischen Formeln. Separatabdruck aus der „Allg. Bauzeit". 1902, H. 3. Wien: In Kommission bei L. W. Seidel & Sohn 1902.

Mehmke, R.: Numerisches Rechnen. Enzyklopädie der mathematischen Wissenschaften. Bd. I, Teil II F. Leipzig und Berlin: B. G. Teubner.

Mehmke, R.: Beispiele graphischer Tafeln mit Bemerkungen über die Methode der fluchtrechten Punkte. Zeitschr. f. Mathematik u. Physik, Bd. 44. 1899.

Ocagne, M. d': Traité de nomographie. 2. édition, entièrement refondue, avec de nombreux compléments. Paris: Gauthier-Villars et Cie. 1921.

Ocagne, M. d': Calcul graphique et nomographie. 2. édition, revue et corrigée. Paris: Octave Doin et fils 1914.

Ocagne, M. d': Principes usuels de nomographie avec application à divers problèmes concernant l'artillerie et l'aviation. Paris: Gauthier-Villars et Cie. 1920.

Pirani, M.: Graphische Darstellung in Wissenschaft und Technik. Sammlung Göschen Nr. 728. 1922.

Runge, C.: Graphische Methoden. Leipzig und Berlin: B. G. Teubner 1915.

Schilling, F.: Über die Nomographie von M. d'Ocagne. Eine Einführung in dieses Gebiet 2. unveränderte Auflage. Leipzig und Berlin: B. G. Teubner 1917.

Schreiber, P.: Die Logarithmenpapiere von Carl Schleicher und Schüll, zu beziehen durch Carl Schleicher u. Schüll, Düren.

Schreiber, P.: Grundzüge einer Flächennomographie, gegründet auf graphische Darstellungen. Braunschweig: Kommissionsverlag Fr. Vieweg & Sohn 1921.

Schreiber, P.: Anleitung zum praktischen Zahlenrechnen mit Hilfe der Potenzpapiere und der Produktentafel. Ergänzung zu „Grundzüge einer Flächennomographie". Braunschweig: Fr. Vieweg & Sohn Akt.-Ges. 1922.

Seco de la Garza, R.: Les nomogrammes de l'ingénieur. Paris 1912.

Soreau, R.: Nomographie ou traité des abaques. Tome I: Technique des abaques. Tome II: Théories générales. Paris: Etienne Chiron 1921.

Vogler, Ch. A.: Anleitung zum Entwerfen graphischer Tafeln. Berlin: Ernst und Korn (Gropiussche Buchhandlung) 1877.

Technische Schwingungslehre. Ein Handbuch für Ingenieure, Physiker und Mathematiker bei der Untersuchung der in der Technik angewendeten periodischen Vorgänge. Von Dipl.-Ing. Dr. **Wilhelm Hort**, Oberingenieur bei der Turbinenfabrik der AEG, Privatdozent an der Technischen Hochschule in Berlin. Zweite, völlig umgearbeitete Auflage. Mit 423 Textfiguren. 1922.　　Gebunden GZ. 20

Autenrieth-Ensslin, Technische Mechanik. Ein Lehrbuch der Statik und Dynamik für Ingenieure. Neu bearbeitet von Dr.-Ing. **Max Ensslin** in Eßlingen. Dritte, verbesserte Auflage. Mit 295 Textabbildungen. 1922.　　Gebunden GZ. 15

Theoretische Mechanik. Eine einleitende Abhandlung über die Prinzipien der Mechanik. Mit erläuternden Beispielen und zahlreichen Übungsaufgaben. Von Professor **A. E. H. Love** in Oxford. Autorisierte deutsche Übersetzung der zweiten Auflage von Dr.-Ing. **Hans Polster**. Mit 88 Textfiguren. 1920.
GZ. 12; gebunden GZ. 14

Die technische Mechanik des Maschineningenieurs mit besonderer Berücksichtigung der Anwendungen. Von Professor Dipl.-Ing. **P. Stephan**, Regierungs-Baumeister. In 4 Bänden.
Erster Band: **Allgemeine Statik.** Mit 300 Textfiguren. 1921.　Gebunden GZ. 4
Zweiter Band: **Die Statik der Maschinenteile.** Mit 276 Textfiguren. 1921.
Gebunden GZ. 7
Dritter Band: **Bewegungslehre und Dynamik fester Körper.** Mit 264 Textfiguren. 1922.　　Gebunden GZ. 7
Vierter Band: **Die Elastizität gerader Stäbe.** Mit 255 Textfiguren. 1922.
Gebunden GZ. 7

Zur Bestimmung strömender Flüssigkeitsmengen im offenen Gerinne. Ein neues Verfahren. Von Dipl.-Ing. **Oskar Poebing** in München. Mit 23 Textabbildungen und 1 Tafel. 1922.　　GZ. 1.7

Der Durchfluß des Wassers durch Röhren und Gräben, insbesondere durch Werkgräben großer Abmessungen. Von Hofrat Professor Dr. **Philipp Forchheimer**, korr. Mitglied der Akademie der Wissenschaften in Wien. Mit 20 Textabbildungen. 1923.　　GZ. 1.6

Strömungsenergie und mechanische Arbeit. Beiträge zur abstrakten Dynamik und ihre Anwendung auf Schiffspropeller, schnellaufende Pumpen und Turbinen, Schiffswiderstand, Schiffssegel, Windturbinen, Trag- und Schlagflügel und Luftwiderstand von Geschossen. Von **Paul Wagner**, Oberingenieur in Berlin. Mit 151 Textfiguren. 1914.　　Gebunden GZ. 10

Energieumwandlungen in Flüssigkeiten. Von Professor **Dónát Bánki** in Budapest, Technische Hochschule. In zwei Bänden.
Erster Band: **Einleitung in die Konstruktionslehre der Wasserkraftmaschinen, Kompressoren, Dampfturbinen und Aeroplane.** Mit 591 Textabbildungen und 9 Tafeln. 1921.　　Gebunden GZ. 15

Technische Hydrodynamik. Von Professor Dr. **Franz Prásil** in Zürich. Zweite Auflage.　　In Vorbereitung

Die linearen Differenzengleichungen und ihre Anwendung in der Theorie der Baukonstruktionen. Von Dr. **Paul Funk**, Privatdozent an der Deutschen Universität und an der Technischen Hochschule in Prag. Mit 24 Textabbildungen. 1920. GZ. 2.5

Die Berechnung statisch unbestimmter Tragwerke nach der Methode des Viermomentensatzes. Von Ing. **Fr. Bleich** in Wien. Mit 108 Textfiguren. 1918. GZ. 12

Theorie und Berechnung der statisch unbestimmten Tragwerke. Elementares Lehrbuch. Von **H. Buchholz**. Mit 303 Textabbildungen. 1921. GZ. 11

Bau und Berechnung gewölbter Brücken und ihrer Lehrgerüste. Drei Beispiele von der Badischen Murgtalbahn. Von Bauinspektor Dr.-Ing. **Ernst Gaber**. Mit 56 Textabbildungen. 1914. GZ. 6

Berechnung von Rahmenkonstruktionen und statisch unbestimmten Systemen des Eisen- und Eisenbetonbaues. Von Ingenieur **P. Ernst Glaser**. Mit 112 Textabbildungen. 1919. GZ. 3.6

Mehrteilige Rahmen. Verfahren zur einfachen Berechnung von mehrstieligen, mehrstöckigen und mehrteiligen geschlossenen Rahmen (Rahmenbalkenträgern). Von Ingenieur **Gustav Spiegel**. Mit 107 Textabbildungen. 1920. GZ. 5

Die Methode der Festpunkte zur Berechnung der statisch unbestimmten Konstruktionen mit zahlreichen Beispielen aus der Praxis insbesondere ausgeführten Eisenbetontragwerken. Von Dr.-Ing. **Ernst Suter**. Mit 591 Figuren im Text und auf 15 Tafeln. 1923. GZ. 19; gebunden GZ. 21

Die Knickfestigkeit. Von Dr.-Ing. **Rudolf Mayer**, Privatdozent an der Technischen Hochschule in Karlsruhe. Mit 280 Textabbildungen und 87 Tabellen. 1921. GZ. 16

Repetitorium für den Hochbau. Für den Gebrauch an Technischen Hochschulen und in der Praxis. Von Geheimem Hofrat Professor Dr.-Ing. E. h. **Max Foerster** in Dresden.
1. Heft: **Graphostatik und Festigkeitslehre.** Mit 146 Textfiguren. 1919. GZ. 3
2. Heft: **Abriß der Statik der Hochbaukonstruktionen.** Mit 157 Textfiguren. 1920. GZ. 3
3. Heft: **Grundzüge der Eisenkonstruktionen des Hochbaues.** Mit 283 Textfiguren. 1920. GZ. 3.5

Taschenbuch für Bauingenieure. Unter Mitarbeit zahlreicher Fachleute herausgegeben von Geh. Hofrat Professor Dr.-Ing. **Max Foerster** in Dresden. Vierte, verbesserte und erweiterte Auflage. Mit 3193 Textfiguren. In zwei Teilen. 1921. Gebunden GZ. 24

Hilfsbuch für den Maschinenbau. Für Maschinentechniker sowie für den Unterricht an technischen Lehranstalten. Unter Mitwirkung von Fachgelehrten herausgegeben von Oberbaurat **Fr. Freytag,** Professor i. R. Sechste, erweiterte und verbesserte Auflage. Mit 1288 in den Text gedruckten Figuren, 1 farbigen Tafel und 9 Konstruktionstafeln. 1920. Gebunden GZ. 12

Taschenbuch für den Maschinenbau. Unter Mitarbeit von Fachleuten herausgegeben von Professor **H. Dubbel,** Ingenieur. Vierte, verbesserte Auflage. Mit etwa 2700 Textfiguren und 1 Tafel. In zwei Bänden.

Erscheint im Sommer 1923

Taschenbuch für den Fabrikbetrieb. Bearbeitet von Fachleuten, herausgegeben von Professor **H. Dubbel,** Ingenieur in Berlin. Mit 933 Textfiguren und 8 Tafeln. 1923. Gebunden GZ. 15

Technisches Hilfsbuch. Herausgegeben von **Schuchardt & Schütte.** Sechste Auflage. Mit 500 Abbildungen und 8 Tafeln. Erscheint Anfang Sommer 1923

Hilfsbuch für die Elektrotechnik. Unter Mitwirkung von Fachleuten bearbeitet und herausgegeben von Dr. **Karl Strecker.** Neunte, umgearbeitete Auflage. Mit 552 Textabbildungen. 1921. Gebunden GZ. 12.5

Johows Hilfsbuch für den Schiffbau. Vierte Auflage neu bearbeitet in Gemeinschaft mit Dr.-Ing. C. Commentz, Dipl.-Ing. A. Garweg, Marinebaurat H. Paech (Kriegsschiffbau), Marinebaurat Dr.-Ing. e. h. F. Werner (Unterseefahrzeuge) und Dipl.-Ing. G. Zeyß von Dr.-Ing. **E. Foerster.** Zwei Bände. Mit 645 Textabbildungen und 32 Tafeln. 1920. Gebunden GZ. 34

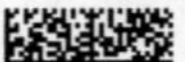